Ute Studer

Grashüpfer liebt Taglilie

Heitere Geschichten aus dem Gärtneralltag

Jan Thorbecke Verlag

VERLAGSGRUPPE PATMOS

PATMOS
ESCHBACH
GRÜNEWALD
THORBECKE
SCHWABEN

Die Verlagsgruppe
mit Sinn für das Leben

FSC www.fsc.org MIX Papier aus verantwortungsvollen Quellen FSC® C006701

Für die Schwabenverlag AG ist Nachhaltigkeit ein wichtiger Maßstab ihres Handelns. Wir achten daher auf den Einsatz umweltschonender Ressourcen und Materialien.

www.thorbecke.de

Umschlaggestaltung: Finken & Bumiller, Stuttgart
Gestaltung: Anton Studer, bubentraum, Zürich
Umschlagabbildungen: iStock
Druck: CPI – Ebner & Spiegel, Ulm
Hergestellt in Deutschland
ISBN 978-3-7995-0557-4

Grashüpfer liebt Taglilie

Inhalt

Vorwort

Szenen auf der Gartenbühne

Im Garten ist es wie im richtigen Leben. Liebesgeschichten und Dramen, Komödien und Tragödien ereignen sich direkt vor unseren Augen. Mal gehören wir mit zu den Akteuren auf der Gartenbühne, mal sitzen wir als teilnehmende Beobachter fasziniert im Zuschauerraum.

Da gibt es frostharte Falter zu bestaunen und Frühblüher mit eingebauter Heizung. Kratzige Disteln beherbergen unzählige Krabbeltiere und Grüne Heupferde verlieben sich in rote Taglilien-Blüten. Das blaue Band des Frühlings weben die Traubenhyazinthen mit ihren Tonnenblüten, und Spätzünder wie die Herbstanemonen bezaubern uns sogar noch im Winter mit ihren Wattebausch-Samenständen. Flotte Bienen, dicke Brummer und flatterhafte Falter eilen als Liebesboten zwischen sehnsüchtig geöffneten Blüten hin und her, und großäugige Schwebfliegen bezaubern uns mit ihrem Zickzackflug und Stillstand in der Luft. Dekorative Koniferenzapfen bieten zahllosen Insekten Winterschutz, und einjährige Blütenschönheiten verleiten uns zum Träumen. Die Gartenbühne erlaubt Begegnungen der anderen Art. Flora und Fauna eines artenreichen Gartens bieten unzählige Überraschungen. Man muss genau hinschauen und manchmal noch ein bisschen genauer, und plötzlich findet man das ganz Besondere, oft auch das Komische, Unerwartete, Wundersame, grazile Schönheiten, bizarre Gestalten, spektakuläre Ankömmlinge oder ulkige Gesellen. Kein Tag ist gleich wie der andere, aber jeder voller Überraschungen und immer wieder faszinierend. Ein Garten ist ein Schauspiel ohne Ende, vom Frühling bis zum Winter, selbst in einem kleinen Garten mitten in einer großen Stadt.

Ute Studer in ihrem Garten in Zürich.

Selbst der strengste Winter hat Angst vor dem Frühling.

Johann Wolfgang von Goethe (1749–1832)

Zartes blaues Frühlingskindchen

Die Traubenhyazinthe
Angenehmes Frühlingskindchen,
Kleines Traubenhyazinthchen,
Deiner Farb und Bildung Zier
Zeiget mit Verwundrung mir
Von der bildenden Natur
Eine neue Schönheitsspur.
An des Stängels blauer Spitzen
Sieht man, wenn man billig sieht,
Deiner sonderbaren Blüt
Kleine blaue Kugeln sitzen, [...]
Konnt ich in den blauen Tiefen
Wie aus himmelblauen Höhen
Silberweiße Sternchen sehen [...]
Barthold Heinrich Brockes (1680–1747)

Wer genau hinschaut, der wird diese kleinen, weißen Sternchenränder an den kugeligen Blüten entdecken, die, wie Brockes, fortfährt, „in einer blauen Nacht [...] im Dunkeln [...] noch um desto heller funkeln“. Ich muss gestehen, dass ich noch nie nachts Traubenhyazinthen betrachtet habe, aber die gezackten, weißen Sternenränder leuchten auch am Tag. Die ersten Traubenhyazinthen kamen in meinen Garten, als ich ihn damals im Spätherbst übernahm. Ein Nachbar begrüßte mich freundlich, betrachtete meine nackte Erde mit einem bedauernden Blick und kam kurz darauf mit einer großen, alten Emailschüssel zurück. „Da hast du was für den Anfang“, sagte er kameradschaftlich, streckte mir die Schüssel hin und verschwand. Aus dem lehmigen Erdklumpen in der Schüssel hingen, schon etwas schlaff, grüne Blätter heraus, die aussahen wie Gras. Bei näherer Untersuchung stellte sich heraus, dass im Lehm kleine Zwiebelchen steckten. Da ein ungemütlich kalter Ostwind blies, machte ich mir nicht lange Gedanken, was das wohl sein könnte oder wo dieses grasige Etwas in die Gartengestaltung einzuplanen war, sondern setzte die Zwiebelchen in kleinen Tuffs entlang des Hauptweges und basta!

Weiße Sternenränder leuchten an den blauen Blütenglocken.

Im nächsten Frühling fielen die blauen Perlblüten im sonst nur von Gründüngung und Unkraut besetzten Garten besonders auf. Sie waren die Stars auf der Gartenbühne und als einzige Blumen gleichzeitig Königinnen und Fußvolk. Mit ihren kugeligen Blüten spiegelten sie das Blau des Frühlingshimmels wider. Das blaue Band am Rand des Weges wirkte wie ein Rahmen, in dem das Bild, das später von den bunten Blumen gemalt werden sollte, noch fehlte. Ich konnte mich an den kleinen Blauen gar nicht satt sehen (es gab ja auch sonst eigentlich nichts zu sehen) und kroch auf allen Vieren, um ihren süßen Duft zu schnuppern. Doch ich war nicht die Einzige, die begeistert war von den niedlichen, tiefblauen Frühlingskindern. Es herrschte auch tierische Freude. Mit lautem Gebrumm kam eine Hummelkönigin mit noch etwas schwankendem Flug und landete auf den unteren, bereits geöffneten, tonnenförmigen Glocken der Blütentürme. Unter ihrem Gewicht neigte sich der Stängel fast bis zum Boden und schwang erst wieder in die Ausgangsstellung zurück, als die Hummel ihren Appetit auf Nektar und Pollen gestillt hatte. Es war, als hätte die ganze erwachende Insektenwelt nur auf die blauen Blumen gewartet. Mein noch kahler Garten war durch sie plötzlich voller Leben. Der nächste Gast war ein Großer Wollschweber. Das ulkige Pelztier sieht zum Fürchten aus mit seinem stilettartigen Saugrüssel, ist aber ganz harmlos. Wollschweber beherrschen den Standflug wie die Schwebfliegen. Sie können wie kleine Kolibris vor den Blüten schweben und ihren langen Rüssel in die Blüte senken. Auf der Nachbarblüte gesellte sich ein Tagpfauenauge dazu, das sich auch an der blauen Nektarbar bedienen wollte. Es war ein ständiges Kommen und Gehen auf den Blüten. Gehörnte und Rostrote Mauerbienen, Gemeine Pelzbienen, Honigbienen – alle wurden sie von dem Duft angezogen.

Strahlend weiße, glockenförmige Blütchen drängen sich zu einer dichten Traube.

Seit diesem ersten Frühling sind mir die Blaumützen-Frühlingskinder ans Herz gewachsen. Dank ihrer Ausbreitungsfreude über Samen und Tochterzwiebeln weben sich blaue Muscari-Bänder durch Schatten- und Sonnenbeete, verharren unter Sträuchern und zwängen sich zwischen Plattenritzen. So ist der Tisch für die Insekten im Frühling immer reich und dank der langen Blütezeit auch nachhaltig gedeckt und es summt, brummt und schwirrt schon bei den ersten Sonnenstrahlen.

Weiß wie der Schnee

Schneeglöckchen
Der Schnee, der gestern noch in Flöckchen
Vom Himmel fiel
Hängt nun geronnen heut als Glöckchen
Am zarten Stiel.
Schneeglöckchen läutet, was bedeutet's
Im stillen Hain?
O komm geschwind! Im Haine läutet's
Den Frühling ein.
O kommt, ihr Blätter, Blüt' und Blume,
Die ihr noch träumt,
All zu des Frühlings Heiligtume!
Kommt ungesäumt!
Friedrich Rückert (1788–1866)

Vielen Schriftstellern geht es so wie mir und anderen, die sehnsüchtig darauf warten, dass die Schneeglöckchen durch den Schnee spitzen. Sie sind die ersten duftenden Frühlingsboten nach der langen Winterzeit.

Oft streckt das anmutige Schneeglöckchen seine Blüten schon im Januar aus dem Schnee. Wer genau hinschaut, wird bemerken, dass um die Blütenstängel der Schnee geschmolzen ist. Schneeglöckchen haben die Fähigkeit, mit ihrer eigenen Schneeschmelzheizung 8 bis 10 Grad zu erzeugen. Diese Wärme schmilzt den Schnee und sorgt gleichzeitig für Bewässerung. Wie kleine, spitze Lanzen durchstoßen sie die weiße Decke, und erst wenn die ersten Strahlen der Wintersonne sie treffen, lassen sie die kleinen Glöckchen an den zarten, grünen Stielen baumeln. Der dänische Märchenerzähler Hans Christian Andersen hat die Geburt des Schneeglöckchens sehr poetisch geschildert: „Willkommen! Willkommen, sang und klang jeder Strahl, und die Blume erhob sich über den Schnee in die Welt des Lichtes hinaus. Die Sonnenstrahlen streichelten und küssten sie, bis sie sich ganz öffnete, weiß wie Schnee und mit grünen Streifen geputzt. Sie beugte ihr Haupt in Freude und Demut [...] Das war eine große Freude. Es war, als sänge und klänge die Luft, als drängen die Strahlen des Lichtes in ihre Blätter und Stängel."

Erkennungszeichen: die grüne, manchmal auch gelbe Markierung.

Schneeglöckchen sind wichtige Nahrungspflanzen für die ersten hungrigen Insekten wie Bienen, Hummeln und früh fliegende Falter. Das grüne Saftmahl an den inneren Blütenblättern und der zarte Duft helfen den hungrigen Tieren bei der Orientierung, um den Nektar und den Pollen in den Blüten zu finden. Nach der Blüte entwickeln sich die Fruchtkapseln. Mit der Samenreife beginnen die Fruchtkörper anzuschwellen und neigen sich zu Boden. Diesen Moment erwarten die Ameisen. Noch etwas starr von der Winterkälte stürzen sie sich auf die herausfallenden Samen und tragen sie quer durch den Garten in ihren Bau. Von Interesse für sie ist nur der ölhaltige Nährkörper, der am Samen festgewachsen ist. Manche Ameise erreicht aber mit ihrer Beute nicht das Nest, sondern isst den Nährkörper unterwegs einfach auf und lässt den Samen liegen. Anders verbreiten Wegschnecken die Samen. Sie fressen sie auf und scheiden sie unverdaut irgendwo wieder aus. So tauchen die weißen Blütenglöckchen plötzlich an Stellen in Gartenecken auf, an denen man sie nicht vermutet hätte. Jede dieser Mutterzwiebeln produziert fleißig Tochterzwiebeln, so dass es ganze Horste werden, in denen sich die kleinen Zwiebeln dicht an dicht drängen und über die Jahre weiße Blütenteppiche bilden.

Der Legende nach waren es sogar die Schneeglöckchen, deren Mitgefühl der Schnee seinen weißen Mantel verdankt: Nachdem Gott alles erschaffen hatte, die Bäume, Kräuter und Blumen in den schönsten Farben, schuf er noch den Schnee und sagte zu ihm: „Die Farbe kannst du selbst aussuchen, so einer wie du, der alles frisst, wird ja wohl etwas finden.“ Der Schnee bat das Gras, ihm seine grüne Farbe abzugeben, er bat die Rose um ihr rotes Kleid und die Sonnenblume um ihr strahlendes Gelb, aber alle lachten ihn aus und schickten ihn fort. Traurig setzte er sich zum Schneeglöckchen und schluchzte: „Wenn mir keiner eine Farbe gibt, so werde ich so böse wie der Wind, der ist immer so gehässig, weil man ihn nicht sieht.“ Das Schneeglöckchen hatte Erbarmen mit dem Schnee und sagte: „Wenn dir mein Mäntelchen gefällt, kannst du es nehmen“. Glücklich zog der Schnee das Mäntelchen an und ist seither weiß und der Feind aller Blumen. Nur dem Schneeglöckchen ist er wohl gesonnen und es darf als Dank mit ihm zusammen blühen.

Schneeglöckchen sind mit die ersten Frühlingsblumen.

Blauschwarze Holzbiene

Dicker Brummer in misslicher Lage

Wenn ich so sitze und weiß nicht, was,
Lässt Er zum Spaß
Einen Brummer mir auf die Hand
Sich setzen
Und hat sein Ergetzen:
Ob ich weitersinne oder
Den dicken Brummer betrachte –
Sachte,
Ohne die Hand zu rühren:
Seine roten runden Augen,
Seine haarigen Beine –
Sechse, nicht zwei! –
Und die glitzernden Flügel dabei
Und das leise Vibrieren von ihm
Auf meiner Haut – – –
Langsam werde ich mit dem dicken
Brummer
vertraut – – –

Ich sagte es dir leise ins Ohr –
Es kommt selten vor –
Mein lieber Gott hat Humor.

Hermann Claudius (1878–1980)

In meinem Garten tummeln sich viele dicke Brummer. Einige, wie die Hummeln und die Rosenkäfer, sind liebgewonnene alte Bekannte, die jedes Jahr ihren Lebenszyklus in meinem Garten verbringen. Es gibt aber auch interessante Neuzugänge, die mich, da ich sie noch nicht kenne, mit ihrem beachtlichen Sound erst einmal in Angst und Schrecken versetzen. So ging es mir mit der Blauschwarzen Holzbiene.

Die blau-violett schillernden Flügel sind wunderschön.

Im April stand ich vor meinem Gartenhaus mit der Gießkanne in der Hand, als ein riesiges, schwarzes Etwas mit lautem Brummen und schwankendem, unbeholfenem Flug auf mich zusteuerte. Vor Schreck ließ ich die Gießkanne fallen und wollte mich mit den Händen schützen, aber kurz vor meinem Gesicht zog der

dunkle Brummer das Höhenruder und flog über meinen Kopf hinweg zum Brett im Giebel des Gartenhauses, wo die gebohrten Holzstücke für die Wildbienen sind. Noch einmal mit dem Schrecken davongekommen trocknete ich erst einmal meine vom Gießwasser überschwemmten Füße und betrachtete dann die Anlage mit den Wildbienenwohnblöcken. Das fast zweieinhalb Zentimeter lange, daumendicke Insekt mit den in der Sonne lilablau schimmernden Flügeln war auf einem dicken Holzklotz gelandet, dessen Löcher bereits von einigen Wildbienen zugedeckelt waren. Die dicksten Löcher, die ich ins Holz gebohrt hatte, kamen auf einen Durchmesser von 8 Millimetern. Da passte dieses schwarze Riesending nie rein! Entschuldigend versuchte ich der aufgeregten Blauschwarzen Holzbiene zu erklären, dass ich mit ihrer Anwesenheit beim Bohren der Löcher nicht gerechnet hatte, da sie bei uns sehr selten ist und nur im Mittelmeerraum häufig vorkommt. Aber sie hörte nicht auf mich und versuchte, in eines der noch freien großen Löcher hineinzuklettern. Das musste schief gehen, denn mein Augenmaß sagte mir ganz klar, dass sie da nicht rein passte. Ihr Augenmaß schien das Gegenteil zu behaupten - mit dem Erfolg, dass sie stecken blieb. Der schwarzbehaarte Hinterleib schaute heraus, während das Vorderteil im Loch verschwunden war. „Armes Bienchen", dachte ich und überlegte, wie ich dem wehrlosen Brummerchen helfen könnte. Sollte ich versuchen, sie herauszuziehen, vielleicht mit einer Pinzette oder einem Tuch? Doch dann schaffte sie die Befreiung alleine. Aber statt dass dieses dumme Ding aus dieser Erfahrung gelernt hätte, kroch sie gleich ins nächste freie große Loch. Ich erklärte ihr, dass ich alle großen Löcher mit dem gleichen 8-Millimeter-Bohrer gemacht hatte, aber die dicke Biene blieb stur, probierte alle Löcher aus und blieb jedes Mal hilflos stecken. Irgendwann gab sie dann doch auf und flog mit wütendem Brummen davon. Am Abend, als ich nachgeschaut hatte, wie diese Wildbienenart eigentlich lebt, wurde mir klar, dass es sich um ein recht faules Exemplar gehandelt haben musste, denn die Holzbienen sind durchaus in der Lage, sich mit ihren starken Mundwerkzeugen selbst Löcher ins Holz zu nagen. Das muss mein blauschwarzes Brummerchen nach der schlechten Erfahrung mit der Fertigbauweise schließlich doch noch getan haben, denn seither sind ihre Kinder Dauergäste im Garten.

Die Blauschwarze Holzbiene ist unsere größte Wildbiene.

Zitronenfalter

Froststarre und Liebestaumel

Zitronenfalter im April

Grausame Frühlingssonne,
Du weckst mich vor der Zeit,
Dem nur in Maienwonne
Die zarte Kost gedeiht!

Ist nicht ein liebes Mädchen hier,
Das auf der Rosenlippe mir
Ein Tröpfchen Honig beut,
So muss ich jämmerlich vergehn
Und wird der Mai mich nimmer sehn
In meinem gelben Kleid.

Eduard Mörike (1804–1875)

Es war purer Zufall, dass ich den Falter entdeckte, denn sehr oft gehe ich im Winter bei anhaltender Brise und gefühlten minus 20 Grad nicht in den Garten. Warm eingepackt, wollte ich nur schnell den Kompostkübel ausleeren und mich dann dem schneidenden Ostwind wieder entziehen. Der Falter wäre mir auch nicht aufgefallen, wenn da nicht dieser dicke Eiszapfen von der Dachrinne des Gartenhauses herabgehangen hätte, den ich betrachtete und überlegte, warum bloß der Abfluss verstopft sein könnte. Da sah ich etwas auffällig Gelbes zwischen den Efeublättern an der Holzwand hervorblitzen. Mit zusammengefalteten Flügeln harrte ein zartes Zitronenfaltermännchen bei der eisigen Kälte dort aus.

Zitronenfalter und Tagpfauenauge auf einer Alantblüte.

„Ein erfrorenes Seelchen" nannte der Dichter Friedrich Schnack in seinem Buch über das Leben der Schmetterlinge den Zitronenfalter, und genau so sah er auch aus. Ich betrachtete ihn aus der Nähe. Mit seinen hellgelben dünnen Beinen klammerte er sich an einen Blattstiel des Efeus und streckte seine zartvioletten Fühler aus wie Antennen. Am liebsten hätte ich ihn mitgenommen in die warme Stube, ihm ein wenig warmes Honigwasser gegeben und ihn aufgewärmt. Aber es siegte die Vernunft,

denn ich wusste: Die zerbrechlich wirkenden Falter sind enorm zäh und bestens gerüstet für dieses winterliche Outdoor Living.

Schon in den letzten schönen Herbsttagen hatte ich einen Zitronenfalter beobachtet, der aus den späten Herbstastern genüsslich Nektar tankte. Sicher hatte er sich danach dieses Plätzchen zwischen den Efeublättern gesucht, um hier den Winter zu verbringen. Wenn die kalten Tage beginnen, scheiden die Falter einen Teil ihrer Körperflüssigkeit aus und reichern den Rest der Flüssigkeit mit einem körpereigenen Frostschutzmittel aus Glyzerin an. So können sie Temperaturen bis minus 20 Grad problemlos überleben. Sooft ich in diesem Winter an ihm vorbeikam, saß er immer in der gleichen Pose in seiner Winterstarre. Erst Ende Februar war er von einem auf den anderen Tag verschwunden. Nach einigen Tagen, die Mittagssonne brachte schon rechte Wärme, flatterte der kanariengelbe Falter wieder über den Blumenbeeten des Nachbargartens. Dann blieb er tagelang verschwunden. Erst im März sah ich ihn wieder. Ich war ganz sicher, dass es derselbe sein musste. Diesmal streckte er seinen Saugrüssel in die rotvioletten Blüten des Lungenkrauts. Nach dieser Mahlzeit schien er Lust auf ein Sonnenbad zu haben, aber ich sah ihn nie mit ausgebreiteten Flügeln wie andere Schmetterlinge. Beim Sonnenbad hatte er immer die Flügel geschlossen und saß leicht schräg, so dass die Unterseite der Flügel senkrecht zu den Sonnenstrahlen gerichtet war.

Der gelbe Falter naschte sich so durch die Gärten, nippte am Seidelbast, schlürfte an den Leberblümchen und besuchte den Lerchensporn, bis ihn Amors Pfeile trafen. Das Weibchen, das der laue Frühlingswind über den Gartenzaun wehte, sah anders aus als er. Die Falterlady hatte eher zart grünweiße Flügel, richtig wie ein Brautkleid, und schwebte so elegant durch die Lüfte, dass es um ihn geschehen war. Er flatterte ganz aufgeregt und folgte ihr in wilder Jagd durch mehrere Gärten. Sie tanzten eine Weile durch die Luft, bis sich das Weibchen zum Liebesspiel niederließ. Ich wollte ihre intimsten Stunden nicht stören und hatte an anderer Stelle im Garten zu tun. Beim Nachhausegehen kam ich wieder an ihnen vorbei. Sie saßen noch immer in inniger Umarmung an der gleichen Stelle. Als ich dann im Juni einen männlichen und einen weiblichen Zitronenfalter auf den Karthäusernelken sitzen sah, war ich sicher, dass das Pärchen noch einmal an den Ort des Beginns ihrer Liebe zurückgekehrt war.

Der Zitronenfalter hat mit bis zu 12 Monaten die höchste Lebenserwartung der Schmetterlinge.

Wuchernde Stauden

Welch ein Wucher

Das Weiterschenken und Geschenktbekommen ihrer bewurzelten, leicht lösbaren Teilstücke sichert diesen Gartenpflanzen für die Zukunft unendliche Wanderschaft und Verbreitung. Der Reiz wetteifernden Pflanzentauschs gipfelt im Staudenreich. Manch eine Unbekannte überzieht unbemerkt schließlich ganze Dörfer und Städtchen mit neuer, bleibender Schönheit.

Karl Foerster (1874–1970)

Dass die Gefahren einer „unendlichen Wanderschaft" durchaus gegeben sind, erfuhr ich im eigenen Garten. „Gardening for nothing" ist der Titel eines englischen Gartenbuches, das beschreibt, wie man mit möglichst wenig Geld einen Garten anlegen kann. Bei der Anlage meines Gartens befolgte ich einen Ratschlag aus diesem Buch: „Fragen Sie alle Freunde nach Staudenablegern". Ich bekam sehr viele. Sie rückten an mit Körben, Eimern und Kisten voller Gartenschätze und ich pflanzte voller Enthusiasmus. Schon im ersten Jahr stand der ganze Garten in voller Pracht da. Es wogte und blühte vom Frühling bis zum Herbst. Im Frühjahr des zweiten Jahres besuchte ich einen Kurs, in dem ein Gartengestalter erklärte, wie man fachmännisch ein Staudenbeet anlegt. Seine ersten Sätze lauteten: „Besorgen Sie sich Stauden aus dem Fachhandel, nehmen Sie keine Stauden von Nachbarn oder Freunden. Was andere übrig haben, sind meist Wucherpflanzen, die das Konzept eines Staudenbeetes im Nu sprengen. Beginnen Sie die Pflanzung, indem Sie bestimmen, welches die Leitstauden sind und welches die Begleitstauden."

Die dekorativen Blätter des gestreiften Maiglöckchens zeigen sich vor der Blüte.

Leitstauden? Wucherer? Nein, bei mir hatte doch alles so wundervoll geblüht. Trotzdem beschlich mich eine gewisse Vorahnung und die Erinnerungen ließen sich nicht verdrängen. Das Bild meines ersten Gartens tauchte auf, in dem ich tagelang ver-

suchte, die unterirdischen Triebe einer Staudensonnenblume aus dem Wurzelgeflecht eines Apfelbaums herauszubekommen. Es galt, auf der Hut zu sein und die Pflanzen zu beobachten. Was waren das nur für dunkelrote Triebspitzen, die da unter der Kletterrose herausschauten? Die Goldrute, die so hübsche gelbe Staubwedelblüten macht, hatte ich doch in einem Meter Entfernung gesetzt. Beim Graben bestätigte sich mein Verdacht. Die Goldrute war die erste, die den Garten wegen ungezügelten Wachstums verlassen musste. Anderen Wucherern wollte ich eine Chance geben. Ich besorgte mir große Plastikblumentöpfe, schnitt den Boden ab und grub im Herbst den Gilbweiderich, die blaue Wildlupine, den gekräuselten Rainfarn, die Maiglöckchen, das großblättrige Immergrün und das gelbe Pfennigkraut aus und setzte Ableger davon in die bodeneben eingegrabenen Töpfe. Man muss sie einfach in Schranken halten, dachte ich.

Im folgenden Frühjahr wollte ich den Erfolg meiner genialen Idee genießen. Der Gilbweiderich hatte das Erdbeerbeet erobert und umarmte den Rhabarber, nur aus dem eingegrabenen Topf schaute ein magersüchtiger Trieb. Das Pfennigkraut war zwar im Topf gewachsen, hatte aber seine meterlangen Ausläufer ohne Probleme über den Topfrand geschickt, um sie außerhalb wuchern zu lassen. Die Lösung wäre eine Hängeampel, die man immer höher hängt, sobald es den Boden erreicht hat. Den Maiglöckchen schien der Topf zu behagen, sie wuchsen dicht gedrängt. Die Lupine hatte sich ganz verabschiedet und geweigert, unter solchen freiheitsberaubenden Bedingungen überhaupt zu wachsen. Der Rainfarn hatte sich am meisten über mich lustig gemacht. Seine gekräuselten Triebspitzen erschienen ringförmig außerhalb des Topfrandes, während im Topf nur blanke Erde zu sehen war. Den längsten Fluchtweg hat das Immergrün angetreten. Es schickte einige Ranken über drei Meter unter dem Gartenhaus hindurch und wurzelte heimlich auf der anderen Seite. Mein Mann drohte schon mit Streik, als er das Seifenkraut unter den Gehwegplatten herauszerren musste, und nahm mir das Versprechen ab, es nirgendwo mehr zu pflanzen. Scheinbar bleibt mir nichts anderes übrig, als mich auf den jährlichen Kampf mit den Wucherpflanzen einzulassen oder sie aus dem Garten zu verbannen. Sonst werden die Wucherer zu Leitstauden, die meinen Garten ins Chaos und meinen Mann zum Streiken bringen.

An den Spitzen der Austriebe kann man schon die Maiglöckchenblüten erkennen.

Das Liebesleben der Pflanzen

Gänseblümchen
Ein Gänseblümchen liebte sehr
Ein zweites gegenüber,
Drum rief's: „Ich schicke mit 'nem Gruß
Dir eine Biene 'rüber!"

Da rief das andere: „Du weißt,
Ich liebe dich nicht minder,
Doch mit der Biene, das lass sein,
Sonst kriegen wir noch Kinder!"
Heinz Erhardt (1909–1979)

Pflanzen stehen am Boden angewurzelt, sie können weder hüpfen noch springen. Und dennoch führen sie ein erstaunlich intensives Liebesleben. Sie verstehen es auf fantastische Weise, Liebesboten anzulocken und zu verführen. Hinterlist, Verrat und Bestechung sind an der Tagesordnung, um sich erfolgreich zu vermehren. Während wir die Pracht blühender Beete und den Facettenreichtum des Gartens bewundern, dient die ganze Show eigentlich nur einem ausschweifenden Treiben, das voller Wollust und Sinnlichkeit zu stecken scheint. Mit tausend Tricks nehmen die Pflanzen die Dienste Dritter zu Hilfe, um den männlichen Pollen einer Blüte zum weiblichen Teil einer anderen Blüte zu bringen. Die Pflanzen haben variantenreiche Verführungskünste entwickelt, um unzähligen Bestäubern Anreize zu liefern, sich als Liebesvermittler zu betätigen. Zuckerhaltiger Nektar und eiweißreiche Pollen scheinen einen durchschlagenden Werbeerfolg in der Insektenwelt zu haben. Die Kunst der Pflanzen besteht darin, dieses Lockmittel so einzusetzen, dass ein Blütenbesucher niemals so viel Nektar oder Pollen bekommt, wie er will, da satte Gäste nicht zur nächsten Blüte weiterfliegen. Also wird geizig portioniert und zurückgehalten.

Saugrüssel des Baumweißlings in Pausenstellung.

Die ganz faulen Pflanzen versuchen es mit Selbstbestäubung. Ihr Vorteil liegt darin, dass Generationen von Pflanzen dadurch

wie Klone gleich aussehen. Ausgesprochene Sexmuffel unter den Pflanzen verzichten auf jegliche Werbung um tierische Mithilfe und vertrauen beim Pollentransport auf den Wind. Der Wind bietet jedoch wenig Garantie, dass der Pollen auch dort landet, wo er hin soll. Meist landet er vor allem in den Nasen der Pollenallergiker, die nicht zur Bestäubung beitragen. Daher müssen Windbestäuber oft ungeheure Mengen an Blütenstaub freisetzen, um einen Treffer zu erzielen.

Der überwiegende Teil der Pflanzen hat sich daher auf tierische Bestäuber eingelassen. Angelockt werden die meist fliegenden Helfer vor allem durch Farbe und Duft der Blüten. Dabei hat jede Tierart ihre Lieblingsfarben. Bienen bevorzugen Gelb, Blau, Violett und Ultraviolett, Schmetterlinge hingegen Rot, Orange, Gelb und Rosa. Fliegen stehen auf Grün, Grüngelb, Weiß und Creme und Aasfliegen lieben rotbraune und braune Blüten. Ganz erstaunlich ist, dass einige Blüten nach dem Sex die Farbe wechseln. Der Natternkopf lässt seine blauvioletten Blüten nach dem Liebesspiel in zartem Rosa welken, die Christrose verliert ihr unschuldiges Weiß und wird grün und beim Goldlack verwandelt sich das strahlende Orange in immer mehr verbleichendes Gelb.

Auch bei den Düften sind die Geschmäcker der Bestäuber unterschiedlich. Bienen, Schmetterlinge, Wespen und Fliegen werden von süßen Düften magisch angezogen, während Aasfliegen und einige Käferarten Verwesungsgeruch lieben. Das nutzt der Aronstab sogar zur Freiheitsberaubung. Er lockt mit seinem üblen Geruch und der im Blüteninneren produzierten Wärme Aasfliegen an. Abwärts gerichtete Borsten halten die Insekten in der Blüte solange gefangen, bis sie ihre Aufgabe der Befruchtung erfüllt haben, dann erst werden sie wieder in die Freiheit entlassen. Das Blütendesign einiger Ragwurzarten ist eine perfekte Fälschung der Zeichnung weiblicher Insekten, stimuliert den männlichen Sexualdrang und suggeriert eine liebestolle Partnerin. Dass sie so reingelegt werden, scheint die lüsternen Männchen nur noch mehr anzuheizen. Manchmal haben die Insekten es aber auch satt, dauernd Amors Pfeile zu transportieren. Des ganzen Theaters überdrüssige Bienen beißen dann kurzerhand seitlich ein Loch in eine Röhrenblüte und bedienen sich, ohne Liebesdienste zu leisten, am Nektar, bis sie kugelrund und vollgefressen sind.

Ein Kreuzdornzipfelfalter besucht die Blüte der Witwenblume.

Wer sich im Sommer über die Sonne freut, trägt sie im Winter in seinem Herzen.

Rainer Haak (geb. 1947)

Schau mir in die Augen Kleines

Duldsam

Des Morgens früh, sobald ich mir
Mein Pfeifchen angezündet,
Geh' ich hinaus zur Hintertür,
Die in den Garten mündet.

Besonders gern betracht' ich dann
Die Rosen, die so niedlich;
Die Blattlaus sitzt und saugt daran
So grün, so still, so friedlich.

Und doch wird sie, so still sie ist,
Der Grausamkeit zur Beute;
Der Schwebefliegen Larve frisst
Sie auf bis auf die Häute. [...]

Wilhelm Busch (1832–1908)

Die Beobachtung der Blattläuse und ihrer Feinde, die er in den ersten Strophen dieses Gedichts niederschrieb, scheint dem Dichter sichtlich Spaß bereitet zu haben. Schwebfliegen sind faszinierende Gartenbewohner. Schon immer habe ich diese Flugakrobaten bewundert. Sie stehen wie Kolibris in der Luft, mit bis zu dreihundert Flügelschlägen pro Sekunde, und plötzlich schlagen sie einen Haken und sausen blitzschnell davon. Mal legen sie dabei den Vorwärtsgang ein, mal fliegen sie rückwärts oder sogar seitwärts, und wenn man gerade denkt, jetzt sind sie weg, schweben sie wieder an der gleichen Stelle wie vorher. Das alles geht so schnell, dass der Blick ihnen kaum folgen kann. Sie gelten als Nützlinge im Garten, da ihre Larven am Tag bis zu hundert Blattläuse aussaugen. Die Hainschwebfliege kann bis zu fünf Generationen im Jahr ausbilden, was der Blattlauspopulation den Garaus macht.

Schwebfliegen lieben die Blüten des großen Schuppenkopfes.

Bis ich eines Besseren belehrt wurde, dachte ich, Schwebfliegen wären eben Schwebfliegen. Erst beim Betrachten der Gartenfotos fiel mir auf, dass die Insekten mit den großen Augen unterschiedlich aussehen, und das faszinierte mich so, dass ich

begann, diese eleganten Flieger etwas näher zu erforschen. Dabei stellte ich fest, dass auch Exemplare, die ich bisher wegen ihres Pelzes für Wildbienen gehalten hatte, zu den Schwebfliegen gehören, so zum Beispiel die Gelbhaarige Hummelschwebfliege. Oft gleichen die Zeichnungen der Schwebfliegen Hummeln, Wespen oder Bienen. Diese Mimikri soll verhindern, dass sie von Vögeln gefressen werden. Sie sind jedoch harmlose Verwandte unserer Stubenfliege und haben weder einen Stachel noch einen Stech- oder Saugrüssel, und beißen können sie auch nicht. Wenn die Vögel sich nicht von der oft schwarz-gelben oder schwarz-weißen Musterung abschrecken lassen würden, könnten sie sowohl an den großen Augen der Schwebfliegen, an dem charakteristischen Schwirrflug und daran, dass sie, im Gegensatz zu Wespen, nur ein Flügelpaar und keine Wespentaille besitzen, die Vortäuschung erkennen. Aber welcher Vogel schaut schon so genau hin, ich tat es ja vorher auch nicht.

In der Schweiz sind über vierhundert Arten mit dem geräuschlosen Schwirrflug bekannt, davon fressen nur die Larven von hundert Arten Blattläuse, andere ernähren sich von Pflanzenresten und -säften, Faulschlamm oder Schleimfluss in Totholz. Einige Larven leben sogar in Wespen-, Ameisen oder Hummelnestern. Die Zickzackflieger kann man die ganze Saison über im Garten beobachten. Meist sieht man sie schon im Vorfrühling an den Schneeglöckchen und am Huflattich und sie bleiben dem Garten treu, bis die ersten Fröste der Blütenpracht ein Ende bereiten. Sie fliegen von Blüte zu Blüte, um mit ihrem kurzen Rüssel Nektar aufzunehmen. Die Doldenblütler sind für sie die eindeutigen Favoriten. Im April finden sie sich auf den Schirmchenblüten des Wiesenkerbels ein. Später sitzen sie auf den Dolden der Wilden Möhre und im September noch auf dem spät blühenden Hirschheil. Im Gemüsebeet fliegen sie auf Dill und Fenchel. In der Hochblüte werden die Wegwarten oft von ganzen Scharen der gewandten Flieger umschwirrt. Auch die Margeriten gehören zu den Lieblingslandeplätzen der Zweiflügler. Seit ich die Vielfalt dieser kleinen Fliegen entdeckt habe, beobachte ich die Blütenbesucher viel genauer, und so vergehen Tage im Garten, an denen Samentütchen und Grabgabel unberührt in der Ecke stehen, denn die Gärtnerin schaut den Kleinen in ihre großen Augen.

Zarte Begegnung – Schwebfliege und Wegwartenblüte.

Großes Grünes Heupferd

Heupferd liebt Taglilie

Das Heupferd oder der Grashüpfer

Ein Wagen Heu, den Veltens Hand
Zu hoch gebäumt, und schlecht bespannt,
Konnt endlich von den matten Pferden
Nicht weiter fortgezogen werden.

Des Fuhrmanns Macht- und Sittenspruch,
Ein zehnmals wiederholter Fluch,
War eben, wie der Peitsche Schlagen,
Zu schwach bey diesem schweren Wagen.

Ein Heupferd, das bey der Gefahr
Zuoberst auf dem Wiesbaum war,
Sprang drauf herab, und sprach mit Lachen:
„Ich wills dem Viehe leichter machen."

Drauf ward der Wagen fortgerückt.
„Ey", rief das Heupferd ganz entzückt,
„Du, Fuhrmann, wirst an mich gedenken;
Fahr fort; den Dank will ich dir schenken."

Christian Fürchtegott Gellert (1715–1769)

Heupferde sind halt lustige Gesellen. Es gehört für mich zum richtigen Sommerfeeling, den hüpfenden Minnesängern zuzuhören, wenn sie an lauen Sommerabenden bis in die Nacht hinein ihrer Angebeteten ihre Aufwartung machen und versuchen, mit ihren schrillen Liebesliedern das Weibchen zu betören. Aber nicht wie der berühmte Minnesänger Walther von der Vogelweide mit: „Nemt, frowe, disen kranz …" umwirbt das Große Grüne Heupferd seine Angebetete, sondern mit lautem Zirpen, und das erzeugt er auch nicht wie die Barden mit seinen Stimmbändern und Instrumenten, sondern durch so etwas wie ein körpereigenes Waschbrett. Als Streichinstrument dienen die Vorderflügel, die aneinander gerieben werden. Dabei wird eine Schrillleiste mit Querrippen auf dem einen Flügel über eine Schrillkante auf

Das Heupferd verbringt den ganzen Tag bei seiner geliebten Lilie.

dem anderen Flügel gestrichen. Damit aber nicht genug, denn sie verfügen auch noch über einen eingebauten Verstärker, der die entstandenen Töne so laut werden lässt, dass Weibchen noch in bis zu hundert Metern Entfernung vom Sehnsuchtsgesang angelockt werden können. Am liebsten sitzen diese kleinen Sängerknaben bei mir hoch oben im Pfirsichbaum und schmettern ihre Arien hinaus in die flirrende Sommerhitze. Und die holde Damenwelt sitzt eher versteckt unter Kraut am Boden und entscheidet, welcher der Barden ihr am meisten zusagt. Dabei hört sie jedoch nicht mit den Ohren, sondern mit den Knien des ersten Beinpaares.

Scheinbar verlieben sich bei den Heupferden die Männchen aber nicht nur in die zugehörigen Weibchen, sondern auch in hübsche Blütendamen. So in meinem Garten in die rot blühenden Taglilien. An einem schönen Sommermorgen sah ich einen der knallgrünen Hüpflinge mitten in einer schwarzroten Blüte von 'American Revolution'. Die Dame aus der Neuen Welt schien ihn derart beeindruckt zu haben, dass er ihre Staubgefäße den ganzen Tag umklammerte. Ich bedauerte den feurigen Liebhaber, denn, wie der Name besagt, würde sein Glück nur einen Tag dauern. Er meisterte jedoch die Lage hervorragend und saß am nächsten Tag in einer sattroten Blüte von 'Hexenritt'. Und so wechselte er jeden Tag die Geliebte unter den Taglilienblüten, von der tief rubinroten 'My Ways' zur signalroten 'Music Man', auf der er tatsächlich kräftiger sang als auf den anderen, und zur weinroten 'New Note'. Er verharrte immer einen Tag in einer roten Blüte, die gelben und weißen Blüten interessierten ihn nicht. So vergingen der ganze Juli und der August. Bis er eines Tages in der rosaroten Blüte von 'Final Touch' saß. Und Nomen est Omen, war diese ‚Letzte Berührung' seine letzte Geliebte, deren Staubgefäße er noch im Tode umklammert hielt. Es war zuviel des Leichtsinns gewesen, seine Liebe so öffentlich zu demonstrieren, denn vor dem Rot stach sein knallgrüner Körper zu sehr hervor. Eine große Hornisse stürzte sich wie ein Kamikazeflieger blitzschnell auf den träumenden Sänger. Ich hielt den Atem an, denn innerhalb weniger Sekunden war das Heupferdchen tot. Es wurde von der Jägerin in erbsengroße Stücke zerlegt und in mehrmaligen Flügen ins Nest transportiert. Am Schluss blieb nur noch ein Vorderflügel am Tatort in der Blütenschale zurück.

Auf der Suche nach neuen Abenteuern.

Rote Spornblume

Die Schmetterlingsblume

Schmetterlinge

Wallet nur hin, ihr hübschen Schmetterlinge,
Und genießet die Honigwoche des kleinen Seins,
Ohne Hunger, ohne Durst,
Ein schönes Sonnenleben,
Ein Liebessein –
Und die einzige Kammer des Herzens
Ist nur eine ewige Brautkammer der Liebe.
Beugt die Blumen,
Lasset euch wehen,
Spielt im Glanz
Und entzittert nur linde,
Wie Blüten, dem Leben.

Jean Paul (1763–1825)

Zum ersten Mal bin ich der „Schmetterlingsblume“ in einem Bergdorf in Südfrankreich begegnet. Im gleißenden Sonnenlicht umrahmten Wolken von weißen, rosafarbenen und purpurroten Blütendolden eine kleine, aus groben Steinen gebaute Kapelle. Die üppige Blütenfülle kam buchstäblich aus dem Nichts. Einige zentimeterbreite Felsritzen reichten aus, um den Wurzeln genügend Halt zu geben und diesen schleierartigen Blumenreigen hervorzubringen. Ich setzte mich auf die sonnenerwärmten Felsen und beobachtete die Blüten mit ihren langen Kelchen. In meiner Aufmerksamkeit für die zarten Blütenschleier blieb ich jedoch nicht allein. Mehrere Taubenschwänzchen umwarben sie. Mit ihren schnellen Flügelschlägen können sie buchstäblich wie Kolibris in der Luft stehen bleiben und ihre langen Rüssel in die tiefen Blütenkelche senken, um vom Nektar zu kosten. Da hatten es die Falter etwas schwerer. Schwalbenschwanz, Tagpfauenauge, Segelfalter, Admiral und Kaisermantel turnten mehr oder weniger geschickt auf den sich zu Boden neigenden Dolden umher. Diese flatternde Gesellschaft, zu der sich auch noch ein Blutströpfchen gesellte, ließ sich von mir in keiner Weise stören. Wenn ein Falter satt war, umflatterte er noch einmal die Kapelle und zog von

Ein Braunauge genießt Gastrecht.

dannen. Dafür kamen dann wieder andere, um sich auf dem reich gedeckten Blütentisch niederzulassen. Auch verschiedene Bienen, Hummeln und Käfer nahmen das Nahrungsangebot gerne entgegen. Die kleine Kapelle ist dem heiligen Antonius geweiht, der nicht nur den Menschen, sondern auch Vögeln und Fischen predigte. Vielleicht hielt er ungesehen gerade eine Predigt an die Schmetterlinge und ihre summenden Brüder und Schwestern? Ließ sich so die enorme Menge an Faltern und anderen Flügeltieren erklären?

So viele Falter wünschte ich mir auch für meinen Garten. Ich pflückte die kleinen Samenschirme. Natürlich würde ich nördlich der Alpen, dazu mitten in der Stadt, nicht solch einen Reichtum an Geflügeltem erwarten dürfen, aber einige wenige Falter würden sich bestimmt von den „Schmetterlingsblumen“ anziehen lassen. Im ersten Jahr bildeten die kleinen Pflänzchen nur fleischige Blätter, überwinterten aber problemlos. Im zweiten Jahr blühten sie nur wenig, brachten aber nach dem Rückschnitt eine zweite Blüte hervor. Im dritten Jahr jedoch umwogten weiße, rosa und rote Blütenwolken meinen Sitzplatz. Sobald die Sonne am Vormittag die Luft erwärmte, erschienen die ersten Taubenschwänzchen, manchmal gerade drei auf einmal. So viele hatte ich hier noch nie auf einmal gesehen. Auch Schwalbenschwanz, Tagpfauenauge, Admiral, Zitronen- und Distelfalter stellten sich ein. Die Rote Spornblume, wie die von mir „Schmetterlingsblume“ getaufte Schönheit offiziell heißt, übertraf als Faltermagneten sogar den Schmetterlingsflieder, der sich alle Mühe gab, die verschiedenen Gaukler mit seinem Nektar zu sich herüberzulocken. Immer wieder schnitt ich die verblühten Dolden der Spornblumen zurück, und jedes Mal brachten die Pflanzen neue Blüten hervor. Die letzten Schmetterlinge umflatterten die zarten Blüten noch in den goldenen Sonnenstrahlen des Altweibersommers. Vielleicht hält der heilige Antonius nun insgeheim seine Predigt an die Schmetterlinge in meinem Garten ab, gerade neben der „Schmetterlingsblume“. Die Franzosen scheinen die Rote Spornblume übrigens für ein Unkraut zu halten, denn bei meinem letzten Besuch war der ganze Platz um die Kirche mit einem Herbizid behandelt worden und nur noch die nackten Felsen waren zu sehen, kein Grün und keine einzige Blüte. Und natürlich auch keine Schmetterlinge!

Rote Spornblumen blühen zur Freude des Segelfalters auch weiß.

Staudenmohn

Seidenzarter Knalleffekt in Rotorange

Alles schlummerte.
Die Luft, warm und duftgeschwängert,
War regungslos;
Ab und zu durchflog sie ein Zittern,
Wie das Zittern des Wassers,
Das vom Fall eines Zweiges berührt wird.
Man fühlte ein Sehnen,
Eine Art Durst in dieser warmen Luft.
Ich beugte mich über den Zaun:
Vor mir streckte ein wilder roter Mohn aus dichtem Gras
Seinen schlanken Stängel hervor:
Ein großer runder Tropfen nächtlichen Taus glänzte
In dunklem Schimmer auf dem Grund der geöffneten Krone [...]

Iwan S. Turgenjew (1818–1883)

Der Anblick des roten Mohns hat den russischen Schriftsteller tief beeindruckt. Wie würde er wohl erst staunen, wenn er die großen Blüten des Türkenmohns erblickt hätte! Die leuchtenden Blüten des orientalischen Mohns ziehen den Betrachter automatisch in den Bann. Ihrem aufdringlichen, koketten Charme kann keiner widerstehen. Ihre handtellergroßen Blüten schweben von Mai bis Juni über der Staudenrabatte. Am bekanntesten ist die ursprüngliche, knallig orangerote Form mit den typischen schwarzen Flecken am Grund der Blütenblätter. Zusammen mit weißen Pfingstrosen und blauem Rittersporn setzte er schon in den Bauerngärten kräftige Akzente. In der Zwischenzeit reicht das Farbenspektrum von Weiß über Rosa, Orange bis zu dunklem Rot.

Die Biene genießt ihr orientalisches Blütenparadies.

Auch in meinem Garten sollte der Staudenmohn Akzente setzen. Ich kaufte ein Exemplar, dessen Schildchen eine zartrosa

Mohnblüte zeigte, und war gespannt, als im zweiten Jahr mehrere Blütenknospen erschienen. Tischtennisballgroße, dreigeteilte Blütenknospen standen auf den drahtigen Stielen über dem rau gezähnten Laub. Eines Morgens war es dann soweit, die Naht der borstigen Knospe sprang auf und aus dem entstandenen Spalt leuchteten knallorangerote, faltige Blütenblätter hervor. Wie im Zeitraffertempo öffneten sich die Blüten weiter und sprengten die umgebenden Kelchblätter ab. Die wie zerknitterte Seide aussehenden Blütenblätter streckten sich langsam und hielten nach einiger Zeit ihre nun wie frisch gebügelt wirkenden Blütenschalen der Sonne entgegen. Der Blick ins Innere der Blumen war überwältigend. Die schwarzen Flecken auf dem Grund brachten das Orange noch mehr zum Leuchten. Der Kranz der Staubgefäße in der Mitte schillerte wie feinster Samt in Tönen zwischen tiefem Dunkelviolett und Elfenbeinschwarz. Bis zum Mittag waren alle Blüten geöffnet und wurden wie die bizarren Hutkreationen englischer Ladys bei Pferderennen auf den Stängeln balanciert. Der Anblick faszinierte mich so, dass ich erst am nächsten Tag merkte, dass diese Blütenfarbe alles andere übertrumpfte und in Disharmonie brachte. Die benachbarten zartrosafarbigen Akeleiblüten senkten etwas beschämt den Kopf. Der violette Zierlauch mit den großen Blütenbällen wuchs schnell noch ein paar Zentimeter höher, um den aufdringlichen Blüten von oben seine Verachtung zu zeigen, und die dunkelrote Pfingstrose neigte ihre ja auch stattlichen Blüten indigniert zur Seite. Selbst die hoch darüber schwebenden pinkfarbigen Blüten der Hochstammrose waren entsetzt ob der unter ihnen wohnenden Orangekonkurrenz. Zwischen all dem Weiß, Violett, Rosa, Blau und dunklem Rot wirkte der signalrote Mohn wie eine Fehlbesetzung. So leid mir das auch tat, es musste so bleiben, denn Staudenmohn kann man wegen seiner langen Pfahlwurzeln nicht verpflanzen und er kommt jedes Jahr wieder. Die einzigen, die sich an diesem Desaster nicht störten, waren die Insekten. Besonders die Bienen waren richtiggehend mohnsüchtig und wuselten durch den Pollenwald. Den Bienen ist die orangerote Farbe übrigens völlig egal, denn sie sind rotblind und sehen den für uns rot erscheinenden Mohn als schwarz und die dunklen Flecken als Ultraviolett. Deshalb passt dieser violettschwarze Mohn aus ihrer Sicht völlig harmonisch in die Farbpalette meines Gartens.

Noch verbirgt die Knospe ihr rotes Geheimnis.

Kleine himmelblaue Schmetterlinge

Blauer Schmetterling

Flügelt ein kleiner blauer
Falter vom Wind geweht,
Ein perlmutterner Schauer,
Glitzert, flimmert, vergeht.
So mit Augenblicksblinken,
So im Vorüberwehn
Sah ich das Glück mir winken,
Glitzern, flimmern, vergehen.

Hermann Hesse (1877–1962)

War's der Himmelblaue Bläuling, der den Dichter zu diesen Zeilen über ein zartes, vorbeitanzendes Glück anregte? Die Familie der Bläulinge enthält zahlreiche Arten dieser oft blau schimmernden Schmetterlinge. Auch ich war glücklich, als ich im Mai den ersten Bläuling in meinem Garten entdeckte. Hatte ich doch extra ein Stück Schotterrasen angelegt. Ganz nach dem Vorbild von Insektenforscher Daniel Kuster, der mir bei einem Besuch der Schmetterlingswiesen des Goetheanums in Dornach seine Magerwiese zeigte, auf der sich Himmelblaue und Silbergrüne Bläulinge ein Stelldichein gaben und über Hopfenklee, Thymian, Wundklee, Kuhschelle, Mauerpfeffer und Karthäusernelke gaukelten. Auch Hufeisenklee war gut vertreten, dient er doch als wichtige Futterpflanze für ihre Raupen.

Wohin der kleine Bläuling wohl fliegt?

Die zartblauen Gaukler zu beobachten, war ein so schönes Erlebnis, dass ich beschloss, diesen Schmetterlingen auch ein Habitat zu schaffen. Aber wie sollte aus einem gedüngten Gartenboden ein magerer Schotterrasen werden? Ich hatte eine Idee: Vor meinem Garten geht ein öffentlicher Weg vorbei, ein Kiesweg, und das ist der ideale Untergrund für einen Schotterrasen. Der Zaun macht neben meinem Garten eine Ecke, wo keiner vorbeiläuft. Nur Hunde benutzen diese Ecke gerne als Kotablageplatz. Ich kaufte eine speziell für Magerrasen zusammengestellte Samenmischung und streute sie aus. Auf dem Samentütchen

stand, ich müsse die Saat festwalzen. Also stampfte ich mit den Füßen darüber, bis ich dachte, das reicht. Lange tat sich im Schotter wenig. Bis zu diesem Frühling. Gelb blühten Hufeisenklee, Wundklee, Hopfenklee und Sonnenröschen. Dazwischen waren Polster von zarten Felsennelken entstanden und Teppiche der Kleinen Braunellen. Einige zierliche Zittergräser streckten ihre Halme aus und Karthäusernelken prahlten mit ihren purpurroten Blüten.

Den Hufeisenklee und die bunte Kronwicke in meinem Garten ließ mein erster Bläuling links liegen. Zielstrebig steuerte er auf die Wegecke mit der Schotterrasenmischung zu und ließ sich mit ausgebreiteten Flügeln auf dem Wundklee nieder. Das samtige, intensive Blau seiner Flügel bedeckte die gelben Blüten und ich konnte die feine schwarze Randlinie erkennen mit den weißen Fransen an der Außenkante. Dann klappte er die Flügel zu und zeigte mir seine hellbraune Flügelunterseite mit den hell umrandeten schwarzen und orangefarbenen Flecken. Ich starrte unverwandt auf dieses in der Sonne schillernde Juwel und konnte kaum glauben, dass man mit der Aussaat von einigen Samen auf ein paar Quadratmetern ein so inniges Naturschauspiel erleben kann. Kurz darauf flog er davon. Ich hoffte, ihn am nächsten Tag wiederzusehen, und las am Abend alles über Bläulinge, was ich finden konnte. Ich war mir sicher, dass es ein Himmelblauer Bläuling war. Diese Art liebt Klee über alles, labt sich angeblich auch an Exkrementen und ihre Raupen verkriechen sich gerne in Ameisenhaufen, in denen sie sich als Schmarotzer aushalten lassen. Am nächsten Morgen hatte mein Liebling einen Kollegen mitgebracht, ebenfalls ein Männchen, denn nur die sind so himmelblau. Und nach einigen Tagen kam auch ein Weibchen dazu. Frau Bläuling hat braune Flügeloberseiten, die zur Mitte hin blau schimmern. Woher kamen diese Falter auf einmal? Wie hatten sie diese kleine Schotterfläche gefunden? Ich sah sie viele Tage hintereinander immer auf den gelben Kleeblüten. Ob sie wohl auch Eier ablegten? Und dann traf mich an einem Morgen fast der Schlag. Ein großer Hundehaufen lag mitten in der blühenden Pracht, und als sei dies der schönste Leckerbissen, hockten meine zwei Bläulingsmännchen genüsslich darauf und schienen ein Festmahl abzuhalten. Wie können so zarte, schöne Tiere nur einen so absurden Geschmack haben?

Neugieriger Bläuling auf einer Grasspitze.

Zaunwinden

Würgeschlangen im Gartenbeet

Den Gärtnern

Ich zog eine Winde am Zaune
Und was sich nicht wollte winden
Begann ich aufzubinden.
Und dachte, für mein Mühen
Sollte es nun fröhlich blühen.
Doch bald hab ich gefunden,
Dass ich umsonst mich mühte;
Nicht, was ich angebunden,
War was am schönsten blühte,
Sondern, was ich ließ ranken
Nach seinen eigenen Gedanken.

Friedrich Rückert (1788–1866)

Beim Thema Unkraut scheiden sich die Geister. Seit den 80er-Jahren gilt es als Sünde wider das ökologische Denken, wenn man von „Unkräutern" spricht. Wildkraut, Kulturpflanzenbegleiter, Beikraut oder Zeigerpflanzen werden diese Wildpflanzen nun genannt, die einem die Schweißperlen auf die Stirn treiben können. Einer dieser Kulturpflanzenbegleiter ist die wunderhübsche, in unschuldig strahlendem Weiß blühende Zaunwinde. Wer aus dem Namen Zaunwinde schließt, dass sie nur am Zaun wächst, irrt sich gewaltig, denn sie kann buchstäblich überall wachsen. Statt die Kulturpflanzen liebevoll zu begleiten, umzingelt sie jedoch alles, was sich ihr in den Weg stellt, und erdrückt wie eine Würgeschlange alle Nachbarpflanzen.

Im April fängt alles ganz harmlos an. Nachdem man die wild gewordenen Löwenzahnrosetten ausgestochen hat, dem winterlichen Ausbreitungsdrang des Hahnenfußes erfolgreich mit der Hacke zuleibe gerückt ist, denkt man stolz: Jetzt ist der Garten unkrautfrei. Dann schieben sich innerhalb weniger Tage aus dem dunklen Erdreich zarte Sprossen. Die schlanken Triebe mit den kleinen herzförmigen Blättchen und der nickenden Spitze könnten wir eigentlich als Frühlingswunder betrachten, würden uns unsere Erfahrungen nicht eines Besseren belehren. Schweren Herzens wurde letz-

Zarte Zaunwinden – ungeliebtes Unkraut.

tes Jahr die Päonie ausgegraben, um endlich das ganze Nest an Windenwurzeln zu entfernen. Ich dachte, jetzt sei der Windenalbtraum vorbei. Doch schon im Frühling waren sie wieder da und nickten mir unschuldig zu: „Hallo da sind wir wieder und werden dich auch diese Gartensaison begleiten!" Das ist das Zeichen zum Handeln. Jedes dieser zarten Sprösschen muss mittels der zweizinkigen Rosengabel, die tiefer reicht als die Grabgabel, freigelegt und minutiös bis in die Tiefe verfolgt werden. Und in der dunklen Tiefe der Erde zeigt sich dann erst das ganze Ausmaß der Tragödie. Meterweit reichende weiße Wurzeln durchziehen das Beet und verstecken sich mit Vorliebe an unzugänglichen Stellen unter Rosenbüschen, Obstbäumen und Stauden. Vorsichtig wollen sie herausgelesen werden, denn bei festem Zerren brechen sie einfach ab. Wehe wir übersehen auch nur ein Stückchen dieser Wurzeln. Unermüdlich zeigen sie mir den ganzen Sommer, dass ich es wieder nicht geschafft habe, sie auszurotten. Mal winken sie wieder unter den Johannisbeeren und plötzlich öffnen sich in der rot blühenden Kletterrose weiße Trichterblüten. Anstatt mich an dem unerwarteten Blumenschmuck zu freuen, stelle ich mir die bange Frage: „Haben sie vielleicht schon Samen entwickelt?" Dann würden sie nämlich nicht nur an den Orten auftauchen, an denen ich sie seit Jahren mit mäßigem Erfolg zu dezimieren versuche, sondern sich im ganzen Garten breit machen.

Die Samenkapseln sollte man tunlichst entfernen.

Eine Verfolgung unter den Johannisbeerbüschen ist enorm mühsam und selten von bleibendem Erfolg gekrönt. Das Graben unter der Rose bringt auch nur Teilerfolge und überdies von Dornen zerkratzte Arme. An solchen Problemstellen helfen nur noch Zeitungen. Zwei Zentimeter dicke Lagen von Zeitungen legt man bis an die Triebe der Büsche und bedeckt sie mit Erde. Die Winden bekommen so kein Licht und verausgaben sich, wenn man diese Schicht ein bis zwei Jahre liegen lässt. In Amerika hat man vor kurzem aus der Ackerwinde Extrakte entwickelt, die die Metastasenbildung bei Krebsleiden verhindern, ohne die problematischen Nebenwirkungen der chemischen Medikamente zu erzeugen. Wer weiß, vielleicht wird unser Windenunkraut ja in der Zukunft zum wertvollen, teuren Heilkraut? Dann würde sich das Sammeln der Windenwurzeln wenigstens lohnen und vielleicht würde man beginnen, die Würgeschlangen sogar anzubauen.

Im Herbst steht in den Gärten die Stille, für die wir keine Zeit haben.

Victor Auburtin (1870–1928)

Herbstanemonen

Tanzende Blütenschalen im Herbstwind

Stauden sind Blumen,
die im Winter aus scheußlichem Gestrüpp bestehen
oder gar nicht vorhanden sind,
falls man nicht in der Erde nachwühlt.
Bei einem Mindestmaß an Freundlichkeit
blühen sie jedes Jahr wieder.
Hat man sie lieb, bedanken sie sich überschwenglich.

Karl Foerster (1874–1970)

Diese Worte des berühmten Staudenzüchters mögen auf manche Frühlings- und Sommerblüher zutreffen, aber die Herbstanemonen haben im Winter noch anderes zu bieten als bloßes Gestrüpp, denn ihre watteähnlichen Samenstände zieren den Garten auch noch in dieser Jahreszeit. Sie sind sowohl mit der herbstlichen Blüte als auch im Winter mit den knubbeligen Samenhüllen und der herausquellenden Watte sehenswert. Ihren eindrucksvollen Auftritt auf der Gartenbühne feiern die Herbstanemonen, wenn die meisten anderen Blütenpflanzen schon den Rückzug angetreten haben. Ihre pastelligen Frühlingsfarben versüßen den Abschied vom Sommer und lassen dem Herbstblues keine Chance. Während die Erinnerung an die Blütenfülle des Sommers langsam verblasst, zeigen die Spätzünder ihre ganze Anmut. Dieses Ende der Gartensaison ist nicht so farbenfroh wie das Frühjahr oder so spektakulär wie der Sommer. Es ist eher still und verhalten, dafür aber voller Zauber und Charme. Der Kranz leuchtend gelber Staubgefäße in der Blütenmitte gibt den ganz einfachen, weißen, rosasilbrigen, dunkelrosa oder purpurroten Blüten den Habitus von Wildblumen, während die halbgefüllten Sorten eher wie Rüschenröckchen einer Ballerina auf den zierlichen Stängeln tanzen. Der Blütenstaub der goldgelben Staubgefäße gibt am Saisonende noch einiges her für hungrige Blütenbesucher. Ein ausgiebiges Pollenangebot lockt Hummeln, Bienen und Schwebfliegen an.

Geduldig wartet die Anemone auf ihre Bestäuber.

Der Name der Anemone leitet sich vom griechischen Wort anemos für Wind ab. Den Ursprung des Namens Windblume kann man verschieden erklären. Einmal bewegen sich ihre zarten Blütenschalen schon beim leichtesten Windhauch. Dabei wirken sie so zart, dass man meinen könnte, schon die schwächste Brise würde ihre grazilen Blütenstiele knicken. Aber sie sind äußerst standhaft und manchmal scheint es, als warteten sie nur auf stürmische Zeiten, um ihre schwebenden Blütenschalen anmutig tanzen zu lassen. Scheinbar schwerelos schaukeln sie im Wind und zaubern mit ihrem strahlenden Weiß oder den pudrigen Pastellfarben einen Hauch von Romantik in den herbstlichen Garten. Der Name Windblume kann aber auch von den dekorativen Samenständen stammen. Nach der Blüte erscheinen kugelrunde Samenkapseln, die langsam aufplatzen. Heraus kommt eine weiße, watteähnliche Substanz mit kleinen schwarzen Samenkörnern. Das Ganze sieht aus wie weiße Wolken mit vielen kleinen schwarzen Tupfern. Der Wind zupft diese Watteböllchen auseinander und trägt so die fedrigen Haargebilde mit den anhängenden Samenkörnern mit sich fort. Bis weit in den Winter hinein hält dieser flaumige Watteschmuck, der noch bezaubernder wird, wenn Raureif ihm ein glitzerndes Diadem aus Eiskristallen aufsetzt.

Watteweicher Samenstand der Herbstanemone.

Von wegen Gestrüpp! Ich hatte mir extra die Sorte 'Robustissima' gekauft, von der es im Katalog hieß, dass sie ab dem zweiten Standjahr wuchert und schnell große Flächen einnimmt. Beim Pflanzen unter dem Holunder malte ich mir schon wogende Wolken von zartrosa Blüten aus. Aber der Ausbreitungsdrang war auch im dritten Standjahr noch nicht zu bemerken. Ich tat alles, damit sie sich wohl fühlte, ich gab ihr Dünger, Kompost und Pflanzenjauche, ich mulchte sie mit Laub. Sie dankte es mit üppigen Blüten, aber die Stöcke wurden nicht größer. Bis die Winden sich einen der Stöcke als Rankgerüst aussuchten. Ich musste mit der Grabgabel tief um den Stock herumstechen und die Erde lockern, um die Windenwurzeln herauszuziehen. Dabei sind sicher einige Anemonenwurzeln abgebrochen. Und aus denen wuchsen im nächsten Frühjahr um die Mutterpflanze viele kleine Jungpflanzen aus der Erde und bildeten mit der Mutter zusammen einen imposanten Horst. Jetzt weiß ich, dass sie zur Verbreitung rohe Gewalt liebt!

Des Sommers letzte Rosen ...

September
Der Garten trauert;
Kühl sinkt in die Blumen der Regen.
Der Sommer schauert
Still seinem Ende entgegen.

Golden tropft Blatt um Blatt
Nieder vom hohen Akazienbaum.
Sommer lächelt erstaunt und matt
In den sterbenden Gartentraum.

Lange noch bei den Rosen
Bleibt er stehen, sehnt sich nach Ruh.
Langsam tut er die großen,
Müdgewordenen Augen zu.
Hermann Hesse (1877–1962)

Als ich dieses Gedicht las, blieb ich an der Zeile mit den Rosen hängen. Rosen im September – seit wann gibt es das? Friedrich Hebbel schreibt hundert Jahre früher über seinen melancholischen Abschied von den Rosen im Gedicht Sommerbild: „Ich sah des Sommers letzte Rose stehn [...] Es regte sich kein Hauch am heißen Tag, nur leise strich ein weißer Schmetterling." Hebbel beschreibt einen Hochsommertag. Zu seiner Zeit war die Rosenblüte im Mai und Juni. Die Rosen wurden in Liedern und Gedichten verherrlicht und besungen – Zeit der Blütenfülle, des berauschenden Duftes und der Liebe. Nach einem nur wenige Wochen dauernden Farbenrausch in Violett, Purpur, Rosa und Weiß verabschiedeten sich die Blüten bis zum nächsten Jahr. Damit war die Rosenblüte zu Hebbels Zeiten vorbei, während sich Hesse noch im September zu Rosengedichten inspirieren lassen konnte. Jüngere Poeten können Rosen bestaunen, bis ihnen der erste Raureif den Garaus macht. „Noch sind die Tage der Rosen ..." gilt heute von Mai bis November.

Die Rosensaison dauert bei manchen Sorten bis zum Frost.

Es ist, als wollten die spätblühenden Rosen uns den Abschied von der Gartensaison versüßen. Ihre Blüte ist nicht mehr so üppig wie im Sommer und auch der Duft hat nicht mehr die berauschen-

de Fülle. Zart mit einer leicht fruchtigen Note verströmt er sich in den herbstlichen Morgentau. Mit letzter Kraft versuchen die späten Knospen jeden Sonnenstrahl zu nutzen, um ihre Schalenblüten zu öffnen. An sonnigen Tagen gelingt es ihnen, uns noch ein letztes Mal mit einem kleinen Abglanz sommerlicher Blütenfülle zu beschenken. An nebligen Herbsttagen jedoch können sie ihre Knospen oft nur zu verkrüppelten Gebilden öffnen und verfärben sich braun oder schimmeln traurig an den dornigen Zweigen, ohne ihre Schönheit je entfaltet zu haben. Ein wunderbares Herbstspektakel bildet die zartrosa blühende Kletterrose 'New Dawn'. An den Enden der langen, überhängenden Zweige wippen im Wind die Knospen mit vollendet geformten, rollierten Blüten mit einem Schmelz von Porzellanrosa, die auch mit Raureif überzogen noch ihr romantisches Flair verströmen. Es ist so, als würden sie Väterchen Frost ihre Blüten entgegenstrecken und sagen: „Wir wollen doch mal sehen, wer hier der Stärkere ist!" Die Tugend des „In Schönheit Sterbens" teilt sie mit 'Schneewittchen', die ihre zarten, weißen Blütenschalen vom Hochstamm herab zu den spätblühenden Herbstastern neigt. Vielleicht will sie auch damit verbergen, dass ihre Blätter schon längst abgefallen sind. Eine Spinne hat zwischen den kahlen Zweigen ihre Fäden gesponnen, die mit glitzernden Tautropfen wie edle Perlenschnüre und kostbares Geschmeide die Rosenblüten miteinander verbinden. 'Comte de Chambord' war eine der ersten Rosen, die geblüht haben, und bringt immer noch neue schlanke, samtigrote Knospen hervor, die sich in warmen rosa Farbtönen öffnen und ihren Duft verströmen, als könnten die kalten Herbstwinde ihnen nichts anhaben. Aufrecht wie Zinnsoldaten trotzen sie frühwinterlichem Unbill. Auf den kleinen cremefarbenen Blüten von 'Swany' sitzen Tautropfen und überziehen den niedrigen Rosenstock wie ein mit Brillanten besticktes Kleid. Das Röslein 'The Fairy' daneben zeigt ebenfalls enormen Durchhaltewillen. Seine Büschel mit leuchtend rosafarbigen, kleinen Rosettenblüten streckt es unermüdlich aus dem glänzenden Laub. Ringsum fallen die Blätter und künden die welkenden Stauden und kahlen Zweige den nahenden Tod, während die letzten Rosen uns vorgaukeln, man könne das Sterben verzögern. Es ist, als wollten die späten Rosen der Winterstarre trotzen und im Garten etwas Verborgenes bewahren, das wie Dornröschen in hundertjährigem Schlafe liegt ...

Der Raureif setzt der Rosenblüte ein baldiges Ende.

Disteln und viele kleine Krabbeltiere

Ich will von dem Stückchen Land berichten, das ich mir in meinen Zukunftsträumen so oft gewünscht habe, um daraus ein Laboratorium lebendiger Entomologie [Insektenforschung] zu machen [...] Hier und dort erhebt sich wie ein Kandelaber, mit großen orangefarbenen Blüten, als Flamme, die wilde spanische Golddistel, deren Stacheln so stark wie Nägel sind. Sie wird überragt von der illyrischen Krebsdistel, deren Schaft sich ein bis zwei Meter hoch erhebt und in einer purpurnen Blumenkrone endet [...] Dies ist das köstliche Eden, wo ich die Insekten beobachte.

Jean-Henri Fabre (1823–1915)

Dieses Stück Land fand der berühmte Insektenforscher in Serignan, einem kleinen Dorf in der Rhôneebene. So viele verschiedene Insekten auf einem Fleck vereint wie auf dieser von Disteln bewachsenen Fläche hatte er vorher noch nie gesehen. Was der Insektenspezialist auf diesem kargen Boden in der Provence erlebte, passiert auch im Garten: Wo Disteln sind, da sind auch viele Insekten. Die Kratzdisteln, deren Wurzeln bis zu fünf Meter in den Boden reichen und fleißig Ausläufer machen, holt man sich wahrscheinlich nicht unbedingt in den Garten. Sie gelten gemeinhin als schlimmes Unkraut. Dabei sind sie Zeigerpflanzen für im Untergrund verdichtete Böden, und wenn sie ihre Aufgabe der Bodenlockerung getan haben, verschwinden sie wieder. Die Geringschätzung dieser Distel als gefährliches Unkraut ist aus ökologischer Sicht keinesfalls gerechtfertigt, denn schon eine Ackerdistel kann eine Vielfalt von Tieren beherbergen.

Vorsichtig saugt die Schwebfliege am Blütenkranz der Karde.

Aber auch mit anderen Disteln erlebt man ein wunderbares Spektakel. Ihre nach Honig duftenden, violett gefärbten Blüten sind immer umschwärmt. Sie liefern Schmetterlingen, Schwebfliegen, Honig- und Wildbienen, Hummeln sowie Käfern Nektar und Pollen. Der Soldatenkäfer fängt sich nebenbei noch ein Zubrot auf den Distelblüten, indem er anderen Blütenbesuchern auflauert und sie frisst. Dieses Fressen und Gefressen werden spielt sich auch bei anderen Disteltieren ab. Die Distel-Bohrfliege sticht mit ihrem Legebohrer in die Verzweigungsstellen der Disteln und legt ihre Eier tief ins Pflanzengewebe. Als Abwehrreaktion bilden die Pflanzen an dieser Stelle eiförmige Gallen aus, die wiederum den Larven als Nahrung und Schutz dienen. Ganz geschützt sind sie jedoch nicht, denn die schöne grüne Erzwespe sticht die Gallen an und legt ihre Eier hinein. Ihre Larven entwickeln sich parasitisch auf Kosten der Bohrfliegenlarven. Dunkelbraune Distelblattläuse saugen an den Stängeln. Zwischen ihnen laufen Ameisen, welche die Läuse melken und ihnen süßen Honigsaft entlocken. Ganz anderes haben die Marienkäfer mit ihnen vor. Zusammen mit den Larven der Florfliegen vertilgen sie täglich viele der Läuse. Die vielen Blattlausmumien zeugen von der Tätigkeit der Schlupfwespen, die ihre Eier in die Blattläuse legen. Schildkäfer, Distelkäfer und Scheckhornbock leben von den stachligen Pflanzen und sind ihrerseits wieder Beute für Insektenfresser. Die Raupe des Distelfalters, die in einem stängelnahen Gespinst lebt, ernährt sich von den Blättern, wird selbst aber auch von der Schwarzen Schlupfwespe parasitiert. Unzählige Tiere leben von, auf oder im Umkreis des Lebensraumes Distel. Viele von ihnen nehmen auch mit weniger invasiven Schwestern der Ackerdistel vorlieb. Zum Beispiel mit den zweijährigen Kratzbürsten oder den Edeldisteln. Eine imposante Erscheinung ist die Wollköpfige Kratzdistel mit ihren filzig weiß behaarten Blütenköpfen. Die Mariendistel wirkt sehr elegant mit ihren grün-weiß marmorierten Blättern und den purpurroten Blüten. Selbst die kleine Nickende Distel hat den Insekten einiges zu bieten. Das stachlige Volk bietet uns ein ganzes Ökosystem mit ausgiebigem, spannendem Schauspiel von stillen Genießern, gefräßigen Rasplern, schlürfenden Saugern, raffinierten Spinnern, räuberischen Fressern, blutrünstigen Jägern und armen Gejagten, das uns wie den Insektenforscher Fabre in den Bann zieht und staunen lässt.

Nektar-Bar Mannstreu – ein beliebter Insektentreff.

Blutrote Herbstblüten

Herbst

Der Herbst ist im Garten
Und vergoldet die Erlen und Espen
Gelbrot;
Die Falter erstarrten,
Die Libellen, die Käfer, die Wespen
Sind tot.

Es wiegen sich träge
Georginen, die dunkel entlohten,
Im Beet;
Die kiesigen Wege
Sind mit Laub und Akazienschoten
Besät.

Hier gehe ich einsam
Und erfröstle, mir pfeifen die Winde
Durchs Mark.
Lacht ich je gemeinsam
Mit dem Frühling, dem strahlenden Kinde,
Im Park?

Eduard Stucken (1865–1936)

Bei den Dahlien scheiden sich die Geister. „Nochmals sei auf die merkwürdige Tatsache hingewiesen, daß eine sehr große Anzahl von Dahliensorten, von neuen oder alten, uns nach etwa drei Jahren ‚meterlang zum Hals heraushängen'", schrieb einmal der bekannte Staudenzüchter Karl Foerster und fügte hinzu: „während andere Sorten jenem seelischen Abbau in keiner Weise unterworfen sind."

Blütenblätter statt Staubgefäße – Kaktusdahlie.

Auch ich hatte lange Zeit Mühe mit den strubbeligen Schönheiten und stimmte ein in den Chor der Dahlienverächter: Die Farben sind zu schrill, die Blüten überdimensioniert, der Wuchs zu staksig und ihre Plastikblüten meines Gartens unwürdig! Insgeheim rächte ich mich damit an meiner Mutter. Denn meine Mutter liebte Kaktusdahlien. Den Anfang machte eine knallrote Riesendahlie,

die sie als Knolle geschenkt bekam. Es war der absolute Luxus in der Nachkriegszeit und wurde von meiner Großmutter, die sich redlich bemühte, die Großfamilie mit Obst und Gemüse zu versorgen, nicht sehr geschätzt. Mein Onkel war Hufschmied bei der berittenen Polizei und brachte meiner Mutter immer Säckchen mit Hornspänen. Die Dahlie dankte es mit gigantischem Wuchs und zog die Blicke aller Gartenbesucher auf sich. Da sie direkt neben meinem Kinderbeet stand, überragte sie meine eher mickrig anmutenden Ringelblumen um ein Vielfaches. Und durch geschickte Teilung wurden es jedes Jahr mehr der Riesinnen. Ich musste immer zu den wie Stacheltiere aussehenden Blüten aufschauen, denn sie waren um einiges größer als ich. Auch die Ringelblumen schienen unter den gigantischen Nachbarinnen zu leiden. Da sie ihnen die Sonne nahmen, wuchsen sie zunehmend waagrecht statt senkrecht, so als wollten sie vor den Monstern fliehen. Ich versuchte den armen Ringelblumen Trost zuzusprechen. Aber sie wollten sich nicht mehr aufrichten. Das ging solange, bis ich meine Großmutter dazu brachte, mir ein Samentütchen mit Sonnenblumen zu kaufen. Schnell überragten sie die Dahlien um einiges, protzten mit noch viel größeren Blüten und neigten ihre sonnigen Blütenteller mitleidig lächelnd über die knallroten Stachelblüten. Während die Dahlien ökologisch gleichwertig mit Plastikblumen waren, bekamen die Sonnenblumen Besuch von vielen Insekten und, sobald sie zu reifen begannen, von Vögeln, die daran turnten, um die Samen zu picken. Seit dieser Genugtuung war mir klar: Würde ich je einen Garten haben, so müsste er ohne Dahlien auskommen.

Die Sorte 'Bishop of Llandaff' zieht viele Insekten an.

Das ging so, bis ich mich in eine Dahlie verliebte. Sie stand im Topf auf dem Markt und in der scharlachroten Blüte, die von den Strahlen der Morgensonne zum Leuchten gebracht wurde, streckte ein Tagpfauenauge seinen Saugrüssel in die gelbe Blütenmitte. 'Bishop of Llandaff' sah nicht aus wie eine Dahlie mit ihrem dunkelroten, tief geschlitzten Laub und der einfachen, feurigen Blüte. Vorurteile sind dazu da, sie abzulegen, sagte ich mir und schleppte den riesigen Topf nach Hause. Sie bekam einen Platz neben den Stangenbohnen, dort, wo die mehltauschlappen Gurken sich schon Mitte August verabschiedet hatten. In den Blumenbeeten zwischen all den Rosa-, Weiß- und Blautönen wäre ihre auffällige Erscheinung wie ein Knalleffekt gewesen. Das Grün der Stangenbohnen gab den roten Blüten einen interessanten Farbkontrast.

Das Haar der Großmutter des Windes

Frühherbst

Die Stirn bekränzt mit roten Berberitzen
Steht nun der Herbst am Stoppelfeld,
In klarer Luft die weißen Fäden blitzen,
In Gold und Purpur glüht die Welt.

Ich seh hinaus und hör den Herbstwind sausen,
Vor meinem Fenster nickt der wilde Wein,
Von fernen Ostseewellen kommt ein Brausen
Und singt die letzten Rosen ein.

Ein reifer roter Apfel fällt zur Erde,
Ein später Falter sich darüber wiegt –
Ich fühle, wie ich still und ruhig werde,
Und dieses Jahres Gram verfliegt.

Agnes Miegel (1879–1964)

Dieses Gedicht zeichnet wunderbar die Übergangszeit nach, dieses „nicht mehr ganz Sommer und doch noch nicht Herbst". Es kommt plötzlich, über Nacht. Man geht am Morgen hinaus und es riecht anders, das Licht ist anders, der Morgentau trocknet langsamer und die ersten zarten Nebelfetzen liegen noch über der Wiese. Diese Übergangszeit von der sommerlichen zur herbstlichen Witterung ist der Altweibersommer.

Im Frühlicht glitzern Spinnweben, die mit den Tautropfen wie kostbare Perlenschnüre im Sonnenlicht funkeln, und manchmal sind ganze Wiesen wie mit feinen wogenden Schleiern überzogen. Unvermutet bleiben zarte Spinnfäden im Gesicht hängen oder verfangen sich in den Haaren. Aus diesen feinen Gespinsten, die da durch die Luft wehen, sind viele Sagen und Legenden entstanden. Meine Großmutter erzählte uns früher immer, dass der Herbstwind in der Nacht gekommen sei und seine Großmutter durch den Garten gejagt hätte, dabei hätten sich ihre Zöpfe gelöst und ihre schlohweißen Haare seien bei dem wilden Treiben an Zweigen und Ästen hängen geblieben. Wir drückten uns frühmorgens die Nasen an der Fensterscheibe platt, um vielleicht noch den Wind

Wie Klöppelspitzen überziehen die Spinnenfäden eine Hagebutte.

mit der Großmutter zu sehen, doch die beiden schienen ihre Jagd nur im Dunkeln zu veranstalten. Nur die Haare der Großmutter glitzerten noch in der Morgensonne ...

Die germanische Mythologie sah in diesen Spinnfäden das Wirken der Schicksalsgöttinnen, der drei Nornen Urd, Verdandi und Skuld, die am Brunnen unter der Weltenesche Yggdrasil sitzen und die Schicksalsfäden der Menschen und Götter verspinnen. Andere Geschichten schreiben die Silberfäden dem Tanz von Waldfeen zu oder berichten, dass sie aus dem Mantel der heiligen Jungfrau stammen. Daher haben sie auch den Namen „Marienseide".

Der Ursprung der Bezeichnung Altweibersommer führt weit in die Vergangenheit zurück. Im Altdeutschen bezeichnete „weiben" das Verknüpfen von Spinnfäden. Von den Spinnen stammen die Altweiberfäden auch. Die durch die Luft schwebenden silbrigen Fäden sind das Werk von Millionen Jungspinnen und erwachsener Kleinspinnen. Um der großen Populationsdichte und dem Kannibalismus der eigenen Artgenossen zu entgehen, suchen sie das Weite. Sie klettern auf einen herausragenden Punkt, dann strecken sie ihren Hinterleib in die Luft und lassen daraus Spinnfäden austreten. Wenn die Flugfäden lang genug und so stark sind, dass sie das Spinnengewicht von etwa einem Hundertstel Gramm tragen können, werden sie vom Wind erfasst und die Spinne lässt sich durch die Luft tragen. Herrscht vom Boden her gar noch eine günstige Thermik, werden die Spinnen in höhere Luftschichten getragen. Auf ihrem Flug können die Spinnen eine Höhe von mehreren tausend Metern erreichen und hunderte Kilometer weit fliegen. Heute weiß man, dass die Spinnen die Höhe und die Flugdauer durch die Länge des Fadens bestimmen können. Natürlich überstehen nicht alle Spinnen diesen Flug. Viele landen im Wasser oder in unwegsamem Gelände oder werden gefressen.

Zauberhafte Tristesse.

Es bringt Glück, wenn man von so einem Silberfaden gestreift wird. Im britischen Volksmund heißt die Baldachinspinne sogar money spider, da sie demjenigen, auf dem sie landet, finanzielles Glück bescheren soll. Weniger Glück hatte übrigens eine 78-jährige Darmstädterin, die 1989 gegen den Wetterdienst Klage einreichte, weil sie sich vom Gebrauch des Wortes Altweibersommer diskriminiert fühlte. Das Landgericht wies die Klage ab und zeigte Humor, indem es das Urteil im Februar am Tag der Altweiberfasnacht verkündete.

Herbe Novemberschönheit

Wenn die Bäume keine Blätter mehr tragen, wenn der Himmel in der Dämmerung noch den rostbraunen Goldton welken Grases bewahrt, tut es wohl zu sehen, wie alles erlischt, was unlängst noch in uns brannte [...] Ja, sie ist traurig, diese Jahreszeit, in der wir uns befinden; man möchte meinen, das Leben schwinde mit der Sonne dahin; ein Schauer rinnt über Herz und Haut; alle Geräusche ersterben; die Horizonte verblassen, alles geht dem Schlaf oder dem Tod entgegen.

Gustave Flaubert (1821–1880)

Diese Zeilen schrieb der französische Romancier über den November. Im Garten erlischt aber keineswegs alles. Nur weil viele Pflanzen verblüht sind, heißt das nicht, dass sie nicht weiterhin attraktiv sein können. Noch ist der Vorhang nicht gefallen, das Gartentheater bringt lediglich den letzten Akt auf die Gartenbühne. Nirgendwo wird Vergänglichkeit so großartig inszeniert wie im spätherbstlichen Garten. Trockene Samenstände, bizarre Fruchtkapseln und silbrige Gräserwedel geben dem Garten einen ganz besonderen Zauber und ästhetischen Reiz. Sie bilden markante Blickpunkte und können durchaus mit der sommerlichen Farbenpracht der Blüten konkurrieren. Melancholische Nuancen lösen die sommerliche Unbeschwertheit ab und lassen uns selbst in Verblühtem und Verwelktem noch Schönheit und Anmut erkennen.

Der Schnittknoblauch zeigt erst im Herbst seine volle Schönheit.

Wenn nach dem ersten Frost auch die letzten Blätter braun sind, ziehen die herausragenden Samenstände die Aufmerksamkeit ganz auf sich. Hoch über der niedergedrückten Staudenwelt tanzen die Überreste der rundlich gewölbten Dolden der Engel-

wurz. Den Judassilberlingen hat der Herbstwind die grauen Samenhüllen abgestreift. Ihre metallisch-weißen, runden Scheidewände glänzen wie Silbertaler im fahlen Sonnenlicht. Die Fruchtstände der Großen Klette sehen aus wie lauter kleine runde Igel mit ihren hakigen Stacheln. Die Golddistel bildet über den Winter einen überaus dekorativen Anblick mit den bezaubernden, goldstrahligen Samenköpfchen auf den steifen Stängeln und die Fette Henne zeigt braune Blütendolden, die besonders hübsch wirken, wenn der Schnee ihnen weiße Häubchen aufsetzt. Ein dauerhaft vertikales Element setzt das Brandkraut in den Garten. Die runden, knubbeligen Samenquirle, die in Etagen an den steifen, aufrechten Stielen sitzen, sind den ganzen Winter über attraktiv und glitzernd, mit Raureif überzogen, sehen sie aus wie von Künstlerhänden gestaltete Eisblumen. Wie Geistergestalten ragen die bizarren Überreste üppigen Staudenflors in die Nebelschwaden und die Farben des Gartens verwandeln sich zu den erdigen Tönen von Grau, Braun, Ocker und Schwarz.

Der Nebel treibt sein eigenes Spiel mit den Herbstfarben. Er lässt sie verblassen, dafür treten Konturen und Strukturen in den Vordergrund und zeichnen grafische Muster. Die niedrig einfallenden Sonnenstrahlen bringen Silber- und Goldtöne zum Leuchten und die frostigen Nächte überziehen den Garten mit zarten Spitzenborten aus Raureif. Die dekorativen Samenstände sind jedoch nicht nur zum Anschauen schön, sondern locken auch unsere gefiederten Freunde in den Garten. Es ist jedes Jahr ein überwältigender Anblick, wenn eine Schar Distelfinken einfällt und an den bizarren, eiförmigen Samenständen der Karden herumturnt. Mit ihrer hübschen schwarz-weiß-rot-gelben Zeichnung bringen sie noch prächtige Farbtupfer ins herbstliche Graubraun. Die Meisen picken kopfüber an den im Baum aufgehängten Sonnenblumenköpfen und die Spatzen warten am Boden darauf, dass für sie ein Kern herabfällt. Die ährigen Samenstände des Spitzwegerichs und die Nüsschen des Mädesüß sind die Lieblingsspeise der Grünfinken. Dieses spätherbstliche Schauspiel erlebt man jedoch nur, wenn man die Gelassenheit hat, Verblühtes stehen zu lassen und der Dinge zu harren, die da kommen. Und während sich der Vorhang auf der winterlichen Gartenbühne langsam senkt, machen sich bereits die Akteure bereit für den ersten Akt des Frühlingsspektakels.

Nichts mehr erinnert an die einst zarte Blüte des Stechapfels.

Was ist der Winter anderes als ein Schlaf, reich an Träumen aller anderen Jahreszeiten!

Khalil Gibran (1883–1931)

Zaubergespinste im Wintergarten

In vielen Gärten haben Schnee und Raureif nichts Rechtes zu finden. In die leere Luft können sie ihre Zaubergespinste nicht hängen. Wenn sie zeigen sollen, was sie können, muss der Garten zeigen, was er kann [...] Schnee und Raureif wollen nicht nur die Pflanze feiern, sondern sich auch von ihr feiern lassen [...] Raureif benimmt dem Winter die Erdenschwere, er ist die Mozartmusik des Winters, gespielt bei atemloser Stille der Natur.

Karl Foerster (1874–1970)

Diese Zeilen des berühmten deutschen Staudenzüchters lassen das Fest, welches Schnee und Raureif im Winter mit den Pflanzen feiern, schon erahnen. Der erste Schnee, der über Nacht eine glitzernde, weiße Decke über alles gelegt hat, verwandelt den Garten in eine Märchenlandschaft, und plötzlich scheint die Zeit in glitzernder Pracht erstarrt. Vor Tagen war die Welt noch braun und nun erstrahlt alles in neuem Glanz. In Tausenden von irisierenden Kristallen blitzt und funkelt das Sonnenlicht wie in edlen Diamanten. Wenn dann noch der Raureif Gräser und Staudenstängel mit seinen Eisnadeln schmückt, sieht man die bizarre Schönheit der beeisten Gewächse.

Zarte Eiskristalle umsäumen die Blätter und Früchte des Efeus.

Ein einmaliges Spektakel bietet uns die winterliche Wunderwelt mit ihrem kurzlebigen Glitzerwerk. Sie lässt eine Unendlichkeit von winterschönen Gestalten in Schnee- und Raureifüberraschung entstehen. Es ist, als würden vorher unbemerkte Dinge auf zauberhafte Weise sichtbar. Das fahle Licht der tiefstehenden Wintersonne wirft lange, violette Schatten auf die weiße Kristallwelt. Die beeiste Pracht holt eine völlig andere Schönheit aus den Pflanzen heraus. Die letzten Blüten der Rosen schmückt eine Dekoration von Eislanzetten, und die leuchtend roten, ku-

gelrunden Hagebutten der Kartoffelrose hat die Schneekönigin über Nacht mit einem glitzernden Reifschleier verziert. Die gefiederten Blätter des Tüpfelfarns in der Trockenmauer wirken wie mit Zucker kandiert und ragen wie grafische Meisterwerke aus dem nachtblauen Mauerschatten. Die skelettierten Hortensienblüten sind überzogen mit kleinen Eisperlen, die ihnen die Anmut edler Schmuckstücke verleihen. Die Bergenien haben ihre Winterfärbung angenommen und ihre glänzenden Blätter leuchten in grünen und dunkelroten Tönen, umgeben von einer rundlichen Eisdornenkrone. Skurril wirken die an stachelige Igel erinnernden orangeroten Samenstände des Roten Sonnenhuts mit ihren Eisspitzen-Mützchen. Zarte Eiskristalle umsäumen auch die Efeublätter und die Eisnadeln lassen die halbkugeligen, strahligen Dolden der Efeublüten wie filigranen Christbaumschmuck aus dem dunklen Blätterschatten hervortreten.

Der Eisspitzenmantel verleiht den kahlen Ästen und Zweigen der Bäume und Sträucher einen besonderen Reiz. Mit ihrem eishaarigen Winterkleid verwandeln sie den Garten in einen Kristallpalast. Die tiefrote Rindenpracht des Hartriegels ist mit zahlreichen Glitzerpunkten gesprenkelt und die bemoosten Apfelbaumzweige tragen zarte Spitzenschleier. Unzählige Zuckerbäckerspitzen, Sahnehäubchen und Glitzergefüge stehen den dunklen Farben von Astwerk, Immergrünen und tiefvioletten Schatten gegenüber und geben dem Garten ein kontrastreiches und zierliches Winterkleid. Die kurzfristige Eisbedeckung beschert aber auch einigen letzten Blüten das endgültige Aus für diese Gartensaison. Während für die rosa Blüten des Buntschopfsalbeis, die unter einer dicken Eisschicht erstarrt sind, das Ende naht, beginnen andere bereits wieder mit ihren Blüten die neue Saison einzuläuten. Mittelmeer- und Winterschneeball strecken ihre Blüten ins bläuliche Licht der Wintersonne und zeigen als erste Vorboten der neuen Gartensaison, dass Schnee und Eis vergänglich sind und dass die Frühlingsblüher unter dem Schnee bereits in den Startlöchern stehen und nur auf die ersten warmen Sonnenstrahlen warten. Wer seinen winterlichen Garten noch nicht schön genug findet, der kann jetzt Veränderungen planen für die kommende Saison.

Winterschönheit.

Zapfenstreich

Den lob ich mir, der wie Kiefer, Eibe und Wacholder zu jeder Jahreszeit ein freundliches Gesicht zeigt.

Chinesisches Sprichwort

Immergrün trotzen viele Koniferen dem winterlichen Grau. Die Immergrünen zeigen aber nicht nur den ganzen Winter ihr Nadelkleid in vielen verschiedenen Grüntönen, einige von ihnen tragen auch hübsche Zapfen, die besonders zur Weihnachtszeit als Dekorationsmaterial begehrt sind. Konifere ist abgeleitet vom lateinischen coniferae und heißt Zapfenträger. Zu den Koniferen gehören Mammutbaum, Lebensbaum, Zeder, Tanne, Kiefer, Fichte, Eibe und viele andere. In den letzten Jahrzehnten waren die Koniferen in der Gartengestaltung verpönt, denn die traurigen, steril wirkenden Koniferengärten der 1970er-Jahre gaben ein abschreckendes Bild. Langsam erobern die immergrünen Gehölze ihren Platz im Garten zurück. In ihrem dichten Geäst finden Vögel und Eichhörnchen Lebensraum für ihre Nester und Schutz vor Kälte und Wind. Die Samen, die in den Zapfen versteckt liegen, dienen Eichhörnchen, Vögeln und Nagetieren als Nahrung. Eichhörnchen nagen pro Tag bis zu hundertneunzig Zapfen ab. Sie packen die langen Fichtenzapfen, reißen die Schuppen ab und gelangen so an die fetthaltigen Samen. Buntspechte hingegen hacken die Schuppen auf und hinterlassen zerfledderte Zapfen mit weit abstehenden Schuppen.

Bei warmem Wetter öffnet sich der Kiefernzapfen zu voller Größe.

Sobald die Blüten der Koniferen bestäubt wurden, härten sie aus, die Schuppen werden größer und umschließen die heranreifenden Samen. Erst wenn diese reif sind, spreizen sich die Schuppen und geben die Samen frei. Die Zapfen von Tannen, Fichten und Lärchen reifen bereits im Jahr der Blüte, während Kiefern dafür mindestens ein zweites Jahr benötigen. Die Zapfen sitzen einzeln, zu zweit oder sogar in Büscheln an den Zweigen.

Übrigens: Was im Volksmund als Tannenzapfen bezeichnet wird, sind eigentlich Fichtenzapfen. Sie hängen an den Zweigen nach unten und fallen im Verlauf des Winters unversehrt auf den Boden. Die echten Tannenzapfen findet man hingegen selten auf dem Boden. Sie stehen kerzengerade auf den Ästen und zerfallen bei Samenreife in einzelne Schuppen.

Mein Geheimtipp zum Sammeln der Zapfen sind alte Friedhöfe mit ihrem Koniferenbestand. Da findet man Mammutbäume, Fichten, Lärchen, Kiefern und Mädchenhaarkiefern mit den schönsten Zapfen. Man kann sie sammeln, wenn sie ausgereift sind und herunterfallen. Ich sammle sie im Frühjahr, wenn die Sonne sie getrocknet hat, und bewahre sie im Keller auf bis zur Verwendung im November. Das hat einen guten Grund: Vor einigen Jahren sammelte ich einen großen Korb voll Zapfen Ende November. Der Nachtfrost hatte die schuppigen Gebilde am Boden festfrieren lassen. Zum Auftauen stellte ich den Korb in die Badewanne, damit das Wasser ablaufen konnte. Nach ein paar Stunden wollte ich nachschauen, ob die Zapfen aufgetaut waren. Bereits als ich die Tür zum Badezimmer öffnete, flog mir eine riesige Wespenkönigin wütend entgegen. Zwei weitere kreisten um die Badezimmerlampe. Die Badewanne lebte. Es krabbelte und kroch, flatterte und flog. Kellerasseln, Ohrwürmer, Käfer, Spinnen und Fliegen tummelten sich rund um den Korb und rutschten an den glatten Wänden der Wanne immer wieder nach unten. Nachdem ich mich vom ersten Schock erholt hatte, öffnete ich das Fenster und ließ die Wespen heraus, nahm den Korb und stellte ihn nach draußen, fing die krabbelnde Schar ein und bugsierte auch sie heraus in der Hoffnung, dass sie noch irgendwo eine Überwinterungsmöglichkeit finden würden. Es war unvorstellbar, wie viele Krabbeltiere in den durch Kälte und Feuchtigkeit geschlossenen Zapfen einen Unterschlupf für den Winter gefunden hatten. Die Wärme des Badezimmers hatte die Schuppen geöffnet und sie jäh aus ihrer Ruhe gerissen. Die großen Schuppen der Mädchenhaarkiefer hatten sogar den großen Wespenköniginnen perfekten Schutz geboten. Seit diesem Erlebnis sammle ich Zapfen im Frühling, wenn die Sonne sie erwärmt hat und die Schuppen so weit geöffnet sind, dass ich sicher bin, dass kein Tier sich mehr darin verstecken kann.

Unter den Schuppen der Zapfen finden Insekten ein geschütztes Winterquartier.

Stinkende Nieswurz

Es wird durchgeblüht

Ich glaube, dass der heimliche Grund meiner Liebe für Winterblumen in dieser krankhaften Idee zu suchen ist: Ich will, dass mein Garten nie aufhört zu blühen. Der Gedanke ist mir unerträglich, dass er eine Stätte sein soll, die nur in den heißen Monaten bewohnt ist [...] Nun schrieb ich an die verschiedenen Gärtnereien und fragte, was sie mir empfehlen könnten. Die Gärtnereien konnten Winterjasmin und Christrosen empfehlen. Als sie diese fabelhaften Vorschläge gemacht hatten, schien ihre Weisheit am Ende.

John Beverley Nichols (1898–1983)

Auch ich hätte dem Schriftsteller, der mit typisch englischem Humor über Pflanzen und Gartenarbeit schreibt, eine Christrose empfohlen: die stinkende Nieswurz, eine wahre Winterblume gegen den gärtnerischen Winterfrust. Diese Christrose eröffnete den Frühlingsblütenreigen in meinem Garten jahrelang schon ab Spätherbst und war die Garantie für das Durchblühen. Knospen schiebt sie bereits im November hervor, daraus wächst bis zum Winteranfang ein Kolben, aus dem sich Seitentriebe mit Blütenknospen entwickeln. Die ersten lindgrünen Blütenglocken mit dem rotbraunen Rand erscheinen oft schon vor den Schneeglöckchen im Januar, und zwischen Februar und April erstrahlt diese Gartenschönheit in voller hellgrüner Blütenpracht. Schon von weitem überrascht der bis zu sechzig Zentimeter hohe Busch mit bis zu hundertfünfzig Einzelblüten an einer Pflanze. Mit den eingeschnittenen, dunkelgrünen Blättern, die aussehen, als würde sich die Pflanze mit den Händen auf dem Boden abstützen, ist diese Christrose eine imposante Erscheinung in der winterlichen Gartenlandschaft. Sie hat es dabei mollig warm und lockt mit ihrer Hefe-Heizung bestäubende Insekten an.

Die winterblühenden Stauden trotzen auch großer Kälte.

Früher glaubten die Menschen, dass diese Pflanze magische Kräfte besäße. Spanische Biologen kamen dem Heizungstrick der Nieswurz auf die Spur. Der zuckerhaltige Nektar wird von einem Hefepilz namens Metschnikowia reukaufii besiedelt, und wo Zucker und Hefe aufeinander treffen, da fängt es an zu gären wie beim Pizzateig. Dabei geben die Hefepilze neben Blasen werfenden Gasen auch jede Menge Wärme ab. Bei diesem Gärprozess erwärmen sich sowohl der Nektar als auch die Umgebungsluft um bis zu 6 Grad. So kann die Christrose selbst bei niedrigen Temperaturen Hummeln und Sandbienen anlocken und so ihre Bestäubung sicherstellen. Bei der Nahrungsaufnahme kriechen die Tiere ganz in die Blütenglöckchen, um im Inneren ein warmes Nektarsüppchen zu schlürfen und ein paar heiße Blütenpollen zu knabbern. Besonders die früh im Jahr erscheinenden Erdhummeln fliegen bei kälteren Temperaturen bevorzugt die erwärmten Blüten an, bei denen aber durch die Gärung der Zuckeranteil im Nektar schon etwas abgebaut ist. Bei höheren Temperaturen wechseln die Hummeln zu ungeheizten, dafür aber zuckerreicheren Nektarquellen.

So blühte die Nieswurz über Jahre in meinem Garten, und die Ameisen sorgten dafür, dass ihr Nachwuchs über den ganzen Garten verstreut wurde. Bis zum letzten Winter. Schon im Januar öffneten sich die Blüten in den milden Wintertagen. Und dann schlug der Kahlfrost mit eisiger Faust zu. Mehrere Tage mit minus 20 Grad setzten der Nieswurz zu. Zum Schluss stand sie schwarz, schlaff und leicht geknickt da. Nichts ist mit „es wird durchgeblüht“, dachte ich, als ich dieses traurige Ergebnis sah. Dann deckte der Schnee die erfrorene Pflanze mit einer dicken weißen Decke zu. Erst die wärmenden Sonnenstrahlen im März ließen die weiße Pracht schmelzen und die schwarzen Nieswurzreste wieder hervortreten. Als ich sie abschneiden wollte, sah ich, dass zwischen den schwarzen Blättern wieder frisches Grün hervorblinzelte, und auch einige hellgrüne Blüten hatten sich geöffnet. Eine erste dicke Hummel setzte schon zur Landung an. Nach einigen Wochen erschienen weitere grüne Triebe an der Pflanze, als sei nichts gewesen. Zwar etwas ramponiert, aber auch stolz stand sie da, als wollte sie allen beweisen, dass auch unter sibirischer Kälte ein Durchblühen möglich ist.

Hinter dem weinroten Saum verbirgt sich die Blütenheizung.

Dank an das fliegende Völkchen

Bienenlied
Ein Liedlein will ich singen,
Vom Honigvögelein,
Die hin und her sich schwingen,
Wo bunte Blumen seyn.
Das Völklein in dem Grünen,
Es schmauset auf der Weid,
Ich singe von den Bienen,
Auf dieser freien Haid.
[...]

Wie sie die Wachsburg bauen,
Aus güldnem Pergament,
Kann niemand nicht beschauen,
Ja keines Künstlers Händ
Hat man so sehr bewundert,
Die Zimmerchen so gleich,
Sechseckig ist gesondert
Das Honigkönigreich.
[...]

Achim von Arnim (1781–1831) und Clemens Brentano (1778–1842)

Weihnachten ist das Fest des Lichtes. Unsere Vorfahren zündeten zur Zeit der Wintersonnenwende mächtige Feuer an und feierten das Fest des wiederkehrenden Lichtes. Licht symbolisiert Leben. An den dunklen Winterabenden bringt das Licht der Kerzen Helligkeit in unser Gemüt. Die Adventszeit ist eine stille Zeit, in der man sich rückbesinnt auf den Lauf des vergangenen Jahres. Wenn am Adventskranz die erste Kerze angezündet wird und der Duft des Bienenwachses eine heimelige Stimmung aufkommen lässt, schweifen meine Gedanken zurück zu den Bienen, denen wir den süßen Honigduft zu verdanken haben.

Träumen vom nächsten Bienensommer.

Unermüdlich flogen sie von Blüte zu Blüte, um Nektar und Pollen zu sammeln und in ihre Kästen zu tragen. Wie ausgehungert stürzten sie sich im frühen Frühling auf die blühenden Kätzchen der Salweide und die ersten Krokusse. Danach waren es die ver-

schiedenen Obstbäume, die nacheinander blühend für Nahrung sorgten. Einmal sah ich in einer Blüte des Staudenmohns vier Bienen auf einmal, die sich zwischen den schwarzen Staubgefäßen tummelten, als würden sie ein Freudenbad nehmen. Ein besonderes Fest für die emsigen Sammlerinnen war die Rosenblüte. Ab Ende Mai bis weit in den Herbst turnten sie zwischen den goldgelben Staubgefäßen einher und manchmal hatte ich das Gefühl, dass die Rosen nach diesem Besuch noch stärker dufteten als vorher. Auch der herb-aromatische Duft der violettblauen Kugelbüsche des Lavendels wurde jeweils noch intensiver, sobald wieder eines der Insekten gelandet war und schaukelnd auf den Blüten mit den langen, dünnen Stielen auf und ab wippte. Große Attraktion für das fliegende Völkchen besaßen die Blütenpolster des Thymians, die ihre kleinen rosavioletten Lippenblüten den Besuchern erwartend entgegenstreckten, als wollten sie sagen: „Trink aus mir und allen meinen Schwestern!"

Wenn ich am Morgen durch den Garten ging, um die gerade aufgeblühten Köpfe der gelben und orangefarbigen Ringelblumen für Tees und Salben abzuknipsen, setzten sich die Bienen demonstrativ auf die Blüten und deuteten mir an: „Diese gehört mir, die wird nicht gepflückt!" Auch bei der Ernte des Johanniskrauts musste ich schnell sein, und die Bienen besuchten die Blüten sogar noch, als sie kopfüber im Schatten zum Trocknen hingen. In luftiger Höhe auf den tellergroßen Blüten der Sonnenblumen versorgten sich immer gleich mehrere Immen mit Blütenstaub und flogen anschließend mit dicken, dunkelgelben Pollenhosen schwerfällig schwankend davon. Die herabhängenden Blütenbüschel der Brombeeren verlangten von ihren Besuchern sogar einen Kopfstand. Sonnenbraut, Verbenen und Astern waren an sonnigen Herbsttagen viel besuchte Bienenrestaurants. Es war, als ob sich die fleißigen Sammlerinnen in diesem herbstlichen Blütenfeuerwerk noch ein letztes Mal an der Fülle berauschen wollten und viele Vorräte für den Winter sammeln konnten. Erst die nassen und kalten Tage des späten Herbstes machten dem Summen und Brummen im Garten langsam ein Ende. Die Früchte haben wir der Bestäubung durch die Bienen zu verdanken und die Samen sind auch das Ergebnis ihres Blütenbesuchs.

Die Elfenkrokusse sind frühe Bienennahrung.

Während ich beim Honigduft der Kerze das Gartenjahr noch einmal in dankbarer Erinnerung vorbeiziehen lasse, holt mich der Duft köstlicher Bratäpfel zurück in das Hier und Jetzt.

Königskerzen

Die Kerzen des Königs

Alle Königskerzen werden blühen

Alle Königskerzen werden blühen
An den Rainen deinen Weg entlang,
Alle Purpurdisteln werden glühen
An der Straße, die dich führt der Gang.

Alle Quellen werden fröhlich springen,
Wenn dein Kommen benedeit den Wald,
Alle Vögel werden lustig singen,
Wenn sich nahet deine Holdgestalt.

Feld und Flur, sie werden herrlich prangen
Und die Sonne lacht darüber hin,
Wenn sie lächelnd kommt den Weg gegangen,
Meine wunderschöne Königin.

Hermann Löns (1866–1914)

An Winterabenden sitze ich gern bei Kerzenschein und lasse die Erinnerungen an den Sommer aufsteigen. Der süßliche Duft der Bienenwachskerzen erweckt in mir die Bilder der Blütenkerzen im Sommergarten, ganz nach dem Titel des obigen Gedichts. Damit die stattlichen Pflanzen sich auch in meinem Garten ansiedelten, habe ich bei Spaziergängen die Samenstände von Wildpflanzen ausgebrochen und ihre Samen in meinem Garten ausgesät. Ich dachte, wenn sie an Bahndämmen und Wegrändern so zahlreich auftauchen, dann kommen sie sicher auch im Garten. Sie ließen aber auf sich warten. Trotz Tausender von Samen – ein Samenstand der Königskerze kann bis zu sechshunderttausend Samen produzieren – zeigte sich kein einziges Königskind. Ich suchte vergeblich auf dem Wildpflanzenbeet im Herbst nach jungen Rosetten, hoffte, dass sie vielleicht im Staudenbeet aufgingen, aber nichts zeigte sich. Bis ich im Spätherbst in den Garten ging, um den Komposteimer auszuleeren.

Die Dunkle Königskerze mit den wolligen, purpurvioletten Staubfäden ist zweijährig.

Ich hatte sie bis dahin nicht bemerkt und jetzt stand sie da, mitten auf meinem Hauptweg hatte sie sich in eine nur einen Zentimeter breite Fuge des Plattenweges gezwängt und ihre haarigen

Blätter nach allen Seiten ausgebreitet. Glücklich, endlich ein Königskind in meinem Garten begrüßen zu können, ließ ich sie gewähren, sie war ja noch so klein. Das änderte sich aber über den Winter. Jedes Mal, wenn ich wieder in den Garten kam, war sie breiter gewachsen, bis der Weg eines Tages unpassierbar wurde. Wahrhaft majestätisch begann sie dann im Frühling aus der Mitte heraus ihren Blütenstand zu schieben. Ich fragte mich, wo sie wohl in dieser kleinen Ritze zwischen den Steinplatten genügend Wasser und Nährstoffe für ein so gigantisches Ausmaß hernahm. Aber die Königskerzen haben vielfältige Überlebensstrategien entwickelt. Die hellgelben Blüten und die filzigen, silbrigen Blätter reflektieren das Sonnenlicht und verhindern so ein Austrocknen. Auch die behaarten Blätter verringern die Verdunstung, und die Blattrosetten sind so angeordnet, dass sie einen Trichter bilden, der das Regen- und Tauwasser direkt an die lange Pfahlwurzel leitet.

Nicht nur ich hatte Freude an der Riesin. Sie wurde von vielen Insekten heiß geliebt und bot ihnen einen richtigen Feinkostladen. Hummeln, Bienen, Schwebfliegen und Schmetterlinge turnten auf den Blüten. Aber auch Fliegen, Käfer und Wanzen kletterten auf ihr herum. Jeden Tag stand ich vor der monströsen Pflanze und beobachtete die Krabbeltiere. Eines Tages entdeckte ich zwischen den gelben Blüten eine Raupe, die perfekt getarnt war. Ihr graugrüner Körper mit den gelben und schwarzen Flecken gab genau die Blüten- und Blattfarben ihrer Wirtspflanze wieder. Die schöne, auffällige Raupe ist das Kind des Königskerzenmönches, eines eher unscheinbaren Nachtfalters. Nach der Blüte ließ ich Ihre Hoheit stehen, damit sie sich versamen konnte. Jedes Mal, wenn ich in den Garten kam, sah ich eine Schar Vögel an ihr herumpicken, was meine Hoffnung auf zahlreiche Nachkommen immer mehr zerstörte. Besonders frech war der Kleiber, der an der Königskerze herauf und kopfüber wieder herunter patrouillierte und alle anderen Fressgäste verscheuchte. Ganz nach dem Motto: „Ist alles meins!" Noch jetzt im Winter gehe ich manchmal schauen, ob noch Samen da sind. In der Zwischenzeit hat der Sturm den Blütenstängel abgeknickt. Und ich sitze bei Kerzenschein und träume weiter von durch den ganzen Garten vagabundierenden Königskindern. Aber es wäre schön, wenn sie sich nicht wieder mitten auf dem Weg platzieren würden.

Die Weißblühende Königskerze ist ein mannshoher Gartenriese.

Ein Blumengarten aus Samentüten

Blumen

In märzentagen streuten wir die samen
Wann unser herz noch einmal heftig litt
An wehen die vom toten jahre kamen
Am letzten kampf den eis und sonne stritt.
An schlanken Stäbchen wollten wir sie ziehen
Wir suchten ihnen reinen wasserquell.
Wir wussten, dass sie unterm licht gediehen
Und unter blicken liebevoll und hell.
Mit frohem fleiße wurden sie begossen.
Wir schauten zu den wolken forschend bang
Zusammen auf und harrten unverdrossen
Ob sich ein blatt entrollt ein trieb entsprang.
Wir haben in dem garten sie gepflückt
Und an den nachbarlichen weingeländen.
Wir wandelten vom glanz der nacht entzückt
Und trugen sie in unsren kinderhänden.

Stefan George (1868–1933)

Der deutsche Lyriker sähte seine Blumen selber aus. Auch ich beginne schon früh im Jahr mit der Planung für die Einjährigen. Es ist etwas Wunderbares, einen Winternachmittag damit zu verbringen, Gartenkataloge zu wälzen, die farbenfrohen Blumenbilder zu betrachten und sich die zukünftige Blütenpracht im Garten vorzustellen. Angeregt durch das Büchlein „Ein Garten aus hundert Samentütchen“ des englischen Dichters und Gartenfreundes James Fenton stelle ich mir dabei vor, welche Pflanzen ich wählen würde, wenn ich einen ganz leeren Garten hätte und ihn bepflanzen dürfte unter der Bedingung, dass alles, was in diesem Garten wächst, aus Samen gezogen wurde. Welche hundert Blüten würden mich faszinieren?

Aus erbsengroßen Samen wird himmlischer Wickenduft.

Fenton schlägt als erstes seiner hundert Tipps das Sommerblutströpfchen vor, als „kleine Blüten, die einen Schuss abfeuern“. Diese selten gewordene, leuchtend rot blühende Blume gehört zur Ackerbegleitflora und passt wunderbar zu blauen

Kornblumen, Tipp zwei, rotem Klatschmohn und weißen Wiesenmargeriten. Auch Tipp drei, Schlafmützchen, würde ich aussäen, aber nicht die gelborangefarbigen, sondern die elegante weiße Sorte 'Cream', die helle Tupfer in die Beete bringt. Ihre Blüten öffnen sich nur bei Sonnenschein. Die hübsche Blume mit den gefiederten Blättchen ist sehr anhänglich und vagabundiert gerne durch den ganzen Garten. Tipp fünf, Kapuzinerkresse, ist ein unbedingtes Muss, sowohl rankend wie auch als kleine Buschform. Die Kresse ist so schattenverträglich, dass sie mit ihren leuchtenden Blüten auch dunkle Stellen unter Bäumen aufhellt. Auffallend sind ihre kreisrunden Blätter, die ab dem Hochsommer bis zum ersten Frost den roten Blüten einen grünen Rahmen geben. Besonders dekorativ finde ich die Sorte 'Kaiserin Victoria' mit dem dunklen Laub und den blutroten Blüten, die wunderbar als Läusefangpflanzen unter den Beerensträuchern wirken. Jungfer im Grünen, Tipp neun, brauche ich nicht mehr auszusäen. Die bezaubernde Sommerblume mit filigran gefiedertem Laub und hell- bis dunkelblauen oder weißen Blüten versamt sich seit Jahren selbst. Auch noch eine Kindheitserinnerung muss ausgesät werden, das Löwenmäulchen, das, wenn man seine Wangen zusammendrückt, das Maul öffnet. Ich liebe die weiße englische Sorte 'Royal Bride', die einen wunderbaren Duft verströmt. Die Zinnien präsentieren sich wie die Farbpalette eines Malers. Etwas ausgefallener ist die englische Sorte 'Purple Prince', die ihre tief rosa-lila Blüten bis zum ersten Frost der Sonne entgegenstreckt. Duftwicken dürfen nicht fehlen. Meine Lieblingswicke ist 'Matucana', eine alte Sorte, die durch ihre Vielzahl zweifarbiger Blüten in Violett und Dunkelblau besticht. Ihr Duft ist einfach himmlisch.

Flatterhafte Blüten entwickeln sich aus winzig kleinen schwarzen Samen.

Ich bin erst bei zehn Samensorten, da holt mich die Realität ein. Mein Garten ist viel zu klein für alles, ich wusste ja letztes Jahr schon nicht wohin mit den Dahlien. Dabei hat Fenton sich eingeschränkt, wie er schreibt: „Ich schlage ihnen nicht vor, dass sie Rosen säen, das wäre – wie Peter Pan über den Tod sagt – ein schrecklich großes Abenteuer." Vielleicht verzichte ich ja dieses Jahr auf den Kauf von neuen Samentütchen und sähe einmal nur die seit Jahren selbst gesammelten Samen aus und lasse mich überraschen, welche Wundertüte sich da öffnet. Meine eigenen Samen würden schon allein für ein paar Hektar reichen.

Bild- und Textnachweis

Alle Fotografien außer S. 7: Ute Studer und Martin Studer
Foto S. 7: Benedikt Dittli

S. 18 aus: Hermann Claudius, Unterm weißen Haar, Schneider Verlag 1974 © Marion Körner
S. 26 aus: Karl Foerster, Es wird durchgeblüht, Union Verlag Berlin 1973 © Marianne-Foerster Stiftung
S. 30: Heinz Erhardt © Lappan Verlag
S. 35: Rainer Haak © Rainer Haak
S. 48 aus: Iwan S. Turgenjew, Väter und Söhne © dtv Verlag 1993
S. 52 und S. 66 aus: Hermann Hesse, Sämtliche Werke in 20 Bänden. Herausgegeben von Volker Michels. Band 10: Die Gedichte. © Suhrkamp Verlag Frankfurt am Main 2002. Alle Rechte bei und vorbehalten durch Suhrkamp Verlag Berlin.
S. 62 und S. 88 aus: Karl Foerster, Freude und Ärger im Garten, Ulmer Verlag 2007 © Marianne-Foerster Stiftung
S. 70 aus: Jean-Henri Fabre, Erinnerung eines Insektenforschers. Aus dem Französischen von Friedrich Koch © MSB Matthes & Seitz Berlin 2010
S. 74 aus: Karl Foerster, Neuer Glanz des Gartenjahres, Neumann Verlag 1956 © Marianne-Foerster Stiftung
S. 78 aus: Agnes Miegel © Iduna-Verlag
S. 82 aus: Gustave Flaubert, November. Aus dem Französischen übersetzt von Eva Rechel © 1997, Manesse Verlag, Zürich, in der Verlagsgruppe Random House GmbH, München
S. 87 aus: Khalil Gibran, Sämtliche Werke © Patmos Verlag 2007
S. 96 aus: Beverley Nichols, In ein Haus verliebt © rowohlt 1997
S. 111 aus: James Fenton, Ein Garten aus hundert Samentütchen, ARGON 2003 © ILA Intercontinental. Aus dem Englischen übersetzt von Friederike Barkow © S. Fischer Verlage
Wir danken allen Rechteinhabern für die freundliche Genehmigung zum Abdruck.